Torsten Anstädt, Ivo Keller
und Harald Lutz
Intelligente Videoanalyse

Weitere interessante Titel zu diesem Thema

Steger, C., Ulrich, M., Wiedemann, Ch.

Machine Vision Algorithms and Applications

2008
ISBN: 978-3-527-40734-7

Schreer, O., Kauff, P., Sikora, T. (Hrsg.)

3D Videocommunication

Algorithms, concepts and real-time systems in human centred communication

2005
E-Book
ISBN: 978-0-470-02272-6

Florczyk, S.

Robot Vision

Video-based Indoor Exploration with Autonomous and Mobile Robots

2005
ISBN: 978-3-527-40544-2

Torsten Anstädt, Ivo Keller und Harald Lutz

Intelligente Videoanalyse

Handbuch für die Praxis

WILEY-VCH Verlag GmbH & Co. KGaA

Autoren

Torsten Anstädt
Wiesbaden, Deutschland
anstaedt@web.de

Dr. Ivo Keller
Potsdam, Deutschland
Ivo.keller@gmx.net

Dipl.-Ing. Harald Lutz
Worfelden, Deutschland
hlutz@worfelden.de

Titelbild
Great Hall in the British Museum
Video by AxxonSoft GmbH

1. Auflage 2010

Alle Bücher von Wiley-VCH werden sorgfältig erarbeitet. Dennoch übernehmen Autoren, Herausgeber und Verlag in keinem Fall, einschließlich des vorliegenden Werkes, für die Richtigkeit von Angaben, Hinweisen und Ratschlägen sowie für eventuelle Druckfehler irgendeine Haftung

Bibliografische Information der Deutschen Nationalbibliothek
Die Deutsche Nationalbibliothek verzeichnet diese Publikation in der Deutschen Nationalbibliografie; detaillierte bibliografische Daten sind im Internet über http://dnb.d-nb.de abrufbar.

© 2010 WILEY-VCH Verlag GmbH & Co. KGaA, Boschstr. 12, 69469 Weinheim

Alle Rechte, insbesondere die der Übersetzung in andere Sprachen, vorbehalten. Kein Teil dieses Buches darf ohne schriftliche Genehmigung des Verlages in irgendeiner Form – durch Photokopie, Mikroverfilmung oder irgendein anderes Verfahren – reproduziert oder in eine von Maschinen, insbesondere von Datenverarbeitungsmaschinen, verwendbare Sprache übertragen oder übersetzt werden. Die Wiedergabe von Warenbezeichnungen, Handelsnamen oder sonstigen Kennzeichen in diesem Buch berechtigt nicht zu der Annahme, dass diese von jedermann frei benutzt werden dürfen. Vielmehr kann es sich auch dann um eingetragene Warenzeichen oder sonstige gesetzlich geschützte Kennzeichen handeln, wenn sie nicht eigens als solche markiert sind.

Satz K+V Fotosatz GmbH, Beerfelden
Druck und Bindung Strauss GmbH, Mörlenbach
Umschlaggestaltung Schulz Grafik Design, Fußgönheim

Printed in the Federal Republic of Germany

Gedruckt auf säurefreiem Papier

ISBN 978-3-527-40976-1

Inhaltsverzeichnis

Vorwort IX

1	Historie und wissenschaftliche Perspektive	1
2	Algorithmen der intelligenten Videoanalyse	3
2.1	Klassische Bewegungserkennung – Motion Detection	3
2.2	Personenmodelle	5
2.3	Vordergrund-/Hintergrundanalyse	7
2.4	Maschinelles Lernen	9
2.5	Mustererkennung	10
2.6	Zweidimensionale Abbildung einer dreidimensionalen Welt	12
2.6.1	Erkennung von 3D-Objekten	13
2.6.2	Lokalisierung im Grundriss	13
2.6.3	Szeneninterpretation im Grundriss	15
2.7	Objekttracking	20
2.8	Szeneninterpretation	22
2.8.1	Mustererkennung im Grundriss	23
2.8.2	Personen mit stereotypen Verhalten	24
3	Einsatzgebiete der Videoanalyse	29
3.1	Intelligente Kamera versus PC-gestützte Auswertung	29
3.1.1	Die Rechenleistung	31
3.1.2	Die Anlagengröße	32
3.1.3	Zukunftssicherheit	32
3.1.4	Handhabung	33
3.1.5	Fazit	34
3.2	Infrarot-Licht, atmosphärische Fenster, Eigenstrahlung – Sehen in dunklen Welten	34
3.2.1	Auslesen	37
3.2.2	Interlacing	37
3.3	Terahertz-Wellen – Sehen zwischen Licht und Radar	38
3.4	Motion Tracking	39
3.4.1	Allgemeine Bewegungsdetektion	39

Intelligente Videoanalyse: Handbuch für die Praxis.
Torsten Anstädt, Ivo Keller und Harald Lutz
Copyright © 2010 WILEY-VCH Verlag GmbH & Co. KGaA, Weinheim
ISBN: 978-3-527-40976-1

3.4.2	Erweiterte Bewegungsdetektion 40
3.4.3	Motion Tracking für allgemeine Aufgaben 40
3.4.4	Perspektivisch arbeitendes Motion Tracking 40
3.4.5	Motion Tracking mit verschiedenen Kamerawinkeln 42
3.4.6	Derzeitige Grenzen und Weiterentwicklung 43
3.5	Klassifikation 44
3.5.1	Objektklassifikation 44
3.5.2	Klassifikation von Fahrzeugen 46
3.5.3	Klassifikation von Lebewesen 46
3.6	Perimeterschutz 48
3.6.1	Einteilung der Schutzzonen 48
3.6.2	Motion Tracking mit verschiedenen Kamerawinkeln 50
3.6.3	Werkzeuge zur Alarmauslösung 50
3.6.4	Regeln und Makros 52
3.7	Gesichtsdetektion – auf die richtige Größe kommt es an 53
3.8	Gesichtserkennung – Auflösung ist alles 53
3.9	Branderkennung – Kontrast muss sein 53
3.10	Zählung 55
3.10.1	Gründe für das Zählen 55
3.10.2	Personenzählung 55
3.10.3	Sonstige Zählungen 57
4	**Praxisbeispiele aus vier Anwendungsbereichen 59**
	Was will der Kunde wirklich erreichen? 59
	Alternative Sensoren als sinnvolle Ergänzung 60
4.1	Der Bahnhof 60
4.1.1	Bahnhofsvorplatz 60
4.1.2	Reisezentrum 62
4.1.3	Shoppingcenter 62
4.1.4	Bahnsteig und Schienen 64
4.1.5	Schließfächer 66
4.1.6	Tunnels 67
4.1.7	Diebstahl aus den Dieseltanks 67
4.1.8	Graffiti-Malen, Kofferbomben, Schlägereien – Wünsche und Grenzen der Analysemöglichkeiten 68
4.2	Flughäfen 69
4.2.1	Parkplätze und Parkhäuser 69
4.2.2	Check-In 71
4.2.3	Passkontrolle und Selbstkontrolle als Pilotprojekt 73
4.2.4	Security Check 74
4.2.5	Gepäckverladung 76
4.2.6	Gates 77
4.2.7	Flughafenvorfeld 78
4.2.8	Gesundheits-Check 80
4.2.9	Gebäudemanagement 81

4.3	Einzelhandel – Retail	82
4.3.1	Parkplatz	83
4.3.2	Gebäudesicherung	84
4.3.3	Warensicherung von der Anlieferung bis zum Verkauf	85
4.3.4	Erpressung	86
4.3.5	Kasse oder Geldautomat	86
4.3.6	Personalmanagement	87
4.3.7	Marketing Analyse	90
4.4	Banken	96
4.4.1	Gebäudeschutz Tag und Nacht	96
4.4.2	Geldautomaten im 24-Stundenbereich	97
4.4.3	Filialenschutz	99
4.4.4	Geldzählkontrolle	100
4.4.5	Marketing-Analysen und Werbewirksamkeitskontrolle	100
4.5	Autobahn- und Stadtverkehr	101
4.5.1	Geschwindigkeit	101
4.5.2	Kennzeichenerkennung	101
4.5.3	Zählen, Prognosen, Verkehrsautomation	103
4.5.4	Klassifizierung von Fahrzeugen und mehr	103
4.5.5	Staus und Geisterfahrer	104
4.5.6	Unfälle	105
4.5.7	Gegenstände	106
4.5.8	Seitenstreifen: Parken oder Panne	108
4.5.9	Brücken: Herausforderung und Grenzen	108
4.5.10	Tunnels	111
4.6	Grenzen und Hürden	112
5	**Installations- und Planungshilfe**	**113**
5.1	Technische Vorbemerkungen	113
5.1.1	IT und IP	113
5.1.2	Firmware	115
5.1.3	MPEG-4/h.264	115
5.1.4	ONVIF	116
5.1.5	Schnittstellen	116
5.1.6	SDK	117
5.2	Historische Betrachtungsweisen – Zukünftige Herausforderungen	117
5.2.1	Einfachheit beschränkt – Komplexität kann Probleme lösen	117
5.3	Praktische Installations- und Planungshilfe	119
5.4	Analysefunktionen: Kamerafunktion stetig überprüfen	119
5.4.1	Kameramanipulation	120
5.4.2	Allgemeine Bewegungsdetektion	120
5.4.3	Fortgeschrittene Bewegungsdetektion – perspektivisch arbeitende Algorithmen	121
5.4.4	Algorithmen, die statische Veränderungen melden	122

5.4.5 Algorithmen für statistische Angaben   *123*
5.4.6 Algorithmen zur Gesichts- und Zeichenerkennung   *124*

6 Videoüberwachung und Datenschutz   *127*
6.1 Videoüberwachung durch Unternehmen   *128*
6.1.1 Schutzwürdige Interessen auf beiden Seiten   *128*
6.1.2 Waren darf man schützen!   *128*
6.1.3 Das Recht auf informationelle Selbstbestimmung   *128*
6.2 Zulässige Videoüberwachung auf öffentlich zugänglichen Flächen   *129*
6.2.1 Innen- und Außenbereiche   *130*
6.2.2 Umgang mit Videodaten   *131*
6.2.3 Auftragsvergabe an Dritte   *131*
6.3 Pflicht zur Videoüberwachung   *131*
6.4 Nicht öffentlich zugängliche Bereiche und Überwachung am Arbeitsplatz   *132*
6.4.1 Der Grundsatz der Verhältnismäßigkeit   *132*
6.4.2 Heimliche Videoüberwachung   *133*
6.4.3 Heimliche Videoüberwachung bei konkreten Verdachtsfällen   *133*
6.4.4 Der Betriebsrat muss zustimmen   *134*
6.5 Beweisverwertungsverbot bei Regelverstoß?   *135*
6.5.1 Verhältnismäßigkeit durch Technik   *135*
6.5.2 Diebstahlprävention und Marketing-Analysen   *136*
6.5.3 Zertifizierung von Videoprodukten   *137*
6.6 Videoüberwachung durch den Staat   *138*
6.7 Ermächtigungsgrundlagen in den Polizeigesetzen   *138*
6.7.1 Öffentliche Veranstaltungen und kriminalitätsbelastete Orte   *139*
6.7.2 Personenfeststellung und Gewahrsam   *139*
6.7.3 Regeln für die Beobachtung und Aufzeichnung   *139*
6.8 Videoüberwachung auf öffentlichen Plätzen   *139*
6.9 Kfz-Kennzeichen-Scanning   *140*

7 Illusionen und Mythen   *141*
7.1 Der geheimnisvolle Gang des Menschen   *141*
7.2 Bin Laden unter 6 Milliarden Menschen   *141*
7.3 Tracken in der Schrägperspektive   *142*
7.4 Laufen Bombenleger anders?   *143*
7.5 Der Schatten des Hooligan   *143*
7.6 Der böse Blick   *143*
7.7 Diebe sind schnell   *144*

Schlusswort   *145*

Sachverzeichnis   *147*

Vorwort

Die kleinen und großen Sicherheitszentralen dieser Welt sind verbunden mit Hunderten oder gar Tausenden von Kameras. Diese werden meist von Dutzenden von Monitoren oder durch ganze Videowände visualisiert. Davor sitzen Beobachter, die die Sicherheit von Flughäfen, Bahnhöfen oder öffentlichen Gebäuden und Plätzen gewährleisten sollen. Wissenschaftliche Untersuchungen haben die physischen und psychischen Grenzen der Aufmerksamkeit analysiert und gezeigt, dass der Mensch nach 15 Minuten nur noch 40 bis 50% des zu beobachtenden Geschehens wahrnimmt. Die Frage ist sicherlich gerechtfertigt, wie Sicherheit über Video überhaupt zu gewährleisten ist: Nach 20 bis 30 Minuten ist es nur noch Glücksache, ob ein Beobachter von Sicherheitsmonitoren eine außergewöhnliche oder gar bedrohliche Situation erkennt und auf sie reagiert.

Das Zauberwort ist „Intelligente Videoanalyse". Nur diese kann Tausende von Videokanälen in Echtzeit „sicher" und dauerhaft überwachen! Der Mensch bleibt hierbei freilich auch weiterhin eine sehr wichtige Instanz: Er kann sich dabei allerdings auf seine Stärken konzentrieren: Er prüft, entscheidet und koordiniert.

Hat man sich entschieden, ein Intelligentes Analysesystem einzusetzen, ist es von elementarer Wichtigkeit, für die benötigten Anforderungen das richtige System auszuwählen! Der Markt der Videoüberwachungsanlagen (englisch: Closed Circuit Television, CCTV) ist sehr innovativ. Die rasante Entwicklung von Soft- und Hardware ist aber auch irritierend und verursacht eine massive Verwirrung bei Planern, Errichtern und vor allem beim Endanwender, der es kaum noch schafft, auf dem neusten Stand der Technik zu sein. Und das ist ihm auch nicht zu verdenken, da es mangels langjähriger Erfahrungen keinerlei Standards oder Orientierungsmaßstäbe gibt.

Innovationen kommen von allen Seiten: von etablierten CCTV-Marktteilnehmern ebenso wie von Technologiequereinsteigern, aus der Wissenschaft und der IT-Welt. Sie alle werfen uns die verschiedensten Fachbegriffe um die Ohren. Dass man hier als Nichtprogrammierer kaum noch folgen kann, ist verständlich.

Da wir alle nur Menschen sind, brauchen wir Zeit, um uns in dieser neuen Softwareanalyse-Welt einzufinden. Schon die Flut von Namenskreationen wie

„Intelligent IP", „Intelligent Video", IVS-, IVA-, CAS- und VCA-System verwirrt. Dabei meinen sie alle dasselbe: „Intelligente Videoanalyse". Selbst so klare und schon oft gehörte Begriffe wie „Tracking" bergen bei näherem Hinsehen mehr Unklarheiten als man meinen könnte: Sie zeigen sich bereits, wenn man einmal detaillierter nachfragt, was genau eigentlich getrackt werden kann. Fragt man weiter, welchen Nutzen dieses Tracking in der täglichen Arbeit bringt, werden die Antworten noch spärlicher.

Um eben diese Feinheiten und Fachtermini, um die Unterschiede bezüglich der Qualitäts- und Leistungsmerkmale von Analysesoftware, geht es in diesem Buch, aber genauso um die Grenzen, die Mythen und Sagen der Intelligenten Videoanalyse, die mindestens genauso wichtig sind. Die Materie lässt sich für den Nichtspezialisten kaum auf den ersten Blick durchschauen. Wir vermitteln dieses Wissen mit Theorie, aber in erster Linie anhand von Beispielen aus der Praxis, um Ihnen das nötige Grundwissen mit auf den Weg zu geben. So können Sie sich auf solider Grundlage für Ihr passendes Intelligentes Analysesystem entscheiden. Dazu bringen wir Ihnen auch die Grundregeln der Planung Intelligenter Analysesoftware nahe, geben Ihnen Kriterien zur Auswahl und Positionierung von Kameras an die Hand und vieles mehr.

Darüber hinaus möchten wie Ihnen zwei für Ihre Entscheidungen wichtige Trends aufzeigen, die den Markt aus unserer Sicht in Zukunft prägen werden. Der erste Trend betrifft die hohe Wirtschaftlichkeit der Intelligenten Videoanalyse: Sie hat nicht nur Auswirkungen auf die Entwicklung der traditionellen Sicherheitsmärkte. Schritt für Schritt werden auch andere Märkte – z. B. Einzelhandel (Retail), Banking, Telekommunikation, Logistik und Verkehr, Medizin, Marketing etc. – die Intelligente Videoanalyse für sich entdecken und sie nicht mehr als Kostenfaktor begreifen, sondern als profitablen Geschäftsbereich unter dem Namen „Business Intelligence" entwickeln. Hierzu können Sie in den Anwendungsbeispielen im Kapitel 4 mehr erfahren.

Der zweite Trend betrifft den Wandel in der Entscheiderebene von Unternehmen. Der Sicherheitsmanager, der heute über das zu integrierende Sicherheitssystem entscheidet, wird mehr und mehr Kompetenzen und Entscheidungen dem IT-Manager überlassen und lediglich als Berater mitwirken. Das liegt daran, dass im Zuge des Technologiewandels die Kameras und Sicherheitssysteme in die Unternehmensnetze eingebunden werden und somit in das Hoheitsgebiet der IT-Welt wandern. Dies birgt neue Chancen und Potentiale von erheblichem Ausmaß sowohl für die klassischen Sicherheitsunternehmen als auch für den IT-Spezialisten.

Dieses Nachschlagewerk soll dazu dienen, Transparenz zu schaffen, den Umgang mit Intelligenten Videoanalysesystemen zu erleichtern, die neuen Möglichkeiten, aber auch die vorläufigen Grenzen aufzuweisen und der neuen Generation von Videoanalyse positiv entgegenzusehen. Wir wünschen Ihnen hierbei viel Erfolg.

Wir danken recht herzlich für die Unterstützung

Unseren Familien, Axis Communications, AxxonSoft, Bosch Sicherheitssysteme, Brijot Imaging Systems Inc., Dallmeier Electronics, Matthias Erler, Flir, Fraport AG, Geutebrück, Netavis, Mathias Nolte, Klaus Schweizer, TU Berlin, TU Graz, ARS (Wien), Vis-à-pix, Verkehrszentrale Hessen, Wikipedia, Object Video, Fastcom, Franco Baroni und Thomas Bückmann.

Wiesbaden, Januar 2010   Torsten Anstädt, Ivo Keller und Harald Lutz

1
Historie und wissenschaftliche Perspektive

Wie alles begann: Die Gratwanderung zwischen Möglichkeiten und Nutzen

Um die Gegenwart zu verstehen, ist es meist interessant und auch hilfreich, auf den Ursprung zurückzublicken. Vorab zu bemerken ist, dass es die Entwicklung und die Akzeptanz der Intelligenten Videoanalyse im Gegensatz zu anderen wissenschaftlichen Zweigen immer etwas schwerer hatten. Dies liegt unter anderem an der verbreiteten Angst davor, dass Maschinen (KI-Rechner, KI: künstliche Intelligenz) irgendwann so intelligent wie Menschen sein könnten. Andererseits wurde immer wieder an der Leistungsfähigkeit dieser Technologie gezweifelt – zunächst seitens der Wissenschaft selbst, später auch von der Industrie. Beides basiert allerdings in erster Linie auf Unwissenheit!

Seit mehr als 50 Jahren ist die KI-Technologie in vielen Industriezweigen etabliert und nicht mehr wegzudenken, so zum Beispiel in der LCD- oder TFT-Produktion. Dort würde der Wegfall Intelligenter Analyse eine wirtschaftliche Katastrophe bedeuten. Das Gleiche wird man in wenigen Jahren auch von der Sicherheits- und Marketing-Branche behaupten können.

Es begann alles mit Alan Mathison Turing, der 1912 in London geboren wurde und ein britischer Logiker, Mathematiker, Kryptoanalytiker sowie Grundsteinleger der künstlichen Intelligenz war. Turing gilt heute auch als einer der einflussreichsten Theoretiker der frühen Computerentwicklung und Informatik. Das von ihm entwickelte „Berechenbarkeitsmodell der Turing-Maschine" bildet eines der Fundamente der theoretischen Informatik. Während des Zweiten Weltkrieges war er maßgeblich an der Entzifferung deutscher Funksprüche beteiligt, die mit der Chiffriermaschine „Enigma" verschlüsselt worden waren. Der Großteil seiner Arbeiten blieb nach Kriegsende jedoch unter Verschluss. Er entwickelte 1953 eines der ersten Schachprogramme, dessen Berechnungen er selbst durchführte – und zwar wegen mangelnder Hardware-Kapazitäten. Dies ist noch heute ein bekanntes Problem für KI-Entwickler. Nach ihm benannt sind der Turing-Preis, die bedeutendste Auszeichnung in der Informatik, sowie der Turing-Test zum Nachweis künstlicher Intelligenz.

1943 veröffentlichten Warren McCulloch und Walter Pitts im Bulletin of Mathematical Biophysics ihren Aufsatz „A logical calculus of the ideas immanent in nervous activity". In ihm entwarfen sie die Idee eines Rechenwerkes auf der

Basis von Neuronen und Feedback-Schleifen. Es sollte wie eine Turing-Maschine arbeiten und wurde von Alan Turing erstmals im Jahre 1936 beschrieben. 1951 bauten Marvin Minsky und Dean Edmonds den SNARC (Stochastic Neural Analog Reinforcement Calculator), einen neuronalen Netzcomputer, der das Verhalten einer Maus in einem Labyrinth simulierte. Etwas ähnliches versuchte Claude „Entropy" Shannon 1952 mit seiner Maschinenmaus Theseus zu programmieren.

Der Begriff künstliche Intelligenz (englisch: Artificial Intelligence, AI) tauchte erstmals 1955 auf. Geprägt hat ihn John McCarthy in einem Förderantrag an die Rockefeller Foundation für einen 2-monatigen Workshop zu diesem Thema. Er organisierte am 13. Juli 1956 die berühmte Dartmouth Conference am Dartmouth College, die erste Konferenz überhaupt, die sich dem Thema künstliche Intelligenz widmete. Was auf der Dartmouth-Konferenz entdeckt wurde, war die schlichte Tatsache, dass Computer mehr können als nur komplizierte Ballistik-Formeln zu berechnen. Es war die Entdeckung, dass Computer auch mit Symbolen und Begriffen umgehen können. Das Logical-Theorist-Programm, entwickelt vom späteren Nobelpreisträger Herbert Simon und Allen Newell, war erstmals dazu in der Lage, eine Menge von logischen Theoremen zu beweisen. Konkret führte der Logical Theorist den Beweis von 38 Theoremen aus der *Principia Mathematica* von Bertrand Russell und Alfred North Whitehead. Dieses Ergebnis war ein Meilenstein der künstlichen Intelligenz, da gezeigt wurde, dass Programme zu Aktionen fähig sind, für die ein Mensch Intelligenz braucht.

Herbert Simon prognostizierte 1957 unter anderem, dass innerhalb der nächsten zehn Jahre ein Computer Schachweltmeister werden sowie einen wichtigen mathematischen Satz entdecken und beweisen würde. Beides waren Prognosen, die nicht eintrafen und die Simon 1990, diesmal allerdings ohne Zeitangabe, wiederholte. Immerhin gelang es 1997 dem von IBM entwickelten System „Deep Blue", den Schach-Weltmeister Garry Kasparov in sechs Partien zu schlagen. Unter den zehn ersten Teilnehmern an der Dartmouth-Konferenz, die die KI-Forschung in den nächsten 20 Jahren prägen sollten, gehörten unter anderem Herbert Simon, Marvin Minsky und John McCarthy. Sie gründeten das AI-Lab am Massachussetts Insitute of Technology (MIT), aus dem in den folgenden Jahren und Jahrzehnten eine ganze Reihe bahnbrechender Entwicklungen hervorging.

Ray Solomoff entwickelte die algorithmische Informationstheorie. Oliver Selfridge legte mit seinem Pandemonium-Modell zur automatischen Mustererkennung die Grundlagen zur aspektorientierten Programmierung. Trenchard More entwickelte eine Array-Theorie für die Programmiersprache APL und Arthur Samuel wurde mit seinem selbstlernenden Dame-Spielprogramm bekannt. Sie alle wurden mit ihren Forschungen, Konzepten und Entwicklungen zu Pionieren im Bereich der künstlichen Intelligenz.

2
Algorithmen der intelligenten Videoanalyse

Das menschliche Sehen ist ein hoch komplexer Vorgang, der bisher nur teilweise verstanden wurde. Seiner Erforschung widmen sich die Fachdisziplinen Wahrnehmungspsychologie, die stark technisch ausgerichtete Computer Vision – hier geht es um das Sehvermögen von Computern – und schließlich die Gebiete des Verstehens: die Semantik und die Kognitionswissenschaften. All diese Fachrichtungen nehmen wiederum Anleihen aus den diversen Disziplinen der Mathematik und Physik, aus der Feldtheorie, der Thermodynamik, der Werkstofftechnik und vielen mehr. Ein Video-Algorithmus setzt sich daher aus zig einzelnen Verfahren zusammen, von denen einige wesentliche Bausteine hier vorgestellt werden.

2.1
Klassische Bewegungserkennung – Motion Detection

Das Rezept: Unterteile das Bild in Kacheln, beobachte die Farbwerte und melde Änderungen

Im Perimeterschutz (Umfeldschutz eines Gebäudes oder einer Anlage) findet sich noch häufig das älteste Analyseverfahren: Motion Detection. Hierbei wird die Szene in einzelne Kacheln unterteilt (Abb. 2.1a und b). In der Anlernphase wird deren Mittelwert und typischer Rauschpegel beobachtet. Anschließend werden die einzelnen Kacheln einer Regelpolitik unterworfen. So lassen sich Kacheln uhrzeitabhängig scharf schalten. ändert sich der mittlere Farbwert oder der Rauschpegel, wird Alarm ausgelöst.

Heutige Motion-Detection-Verfahren erlauben das Zeichnen beliebiger sensitiver Flächen per Mausklick. Sie lassen sich untereinander völlig frei kombinieren. So kann beispielsweise ein Versorgungsweg tagsüber unbeobachtet bleiben, mit Einschalten der Beleuchtung aber scharf geschaltet werden. Ebenso lassen sich Objektgrößen definieren, wodurch sich Fahrzeuge von Personen oder kleinen Tieren unterscheiden lassen.

Beim so genannten Motion-Tracking-Verfahren werden die Farbwerte von Kachel zu Kachel verfolgt (Abb. 2.2). Damit lassen sich erlaubte und verbotene Richtungen definieren.

Intelligente Videoanalyse: Handbuch für die Praxis.
Torsten Anstädt, Ivo Keller und Harald Lutz
Copyright © 2010 WILEY-VCH Verlag GmbH & Co. KGaA, Weinheim
ISBN: 978-3-527-40976-1

(a) **(b)**

Abb. 2.1 a: Szene in Kacheln unterteilt, b: Analyse der mittleren Farbwerte in scharf geschalteten Kacheln.
(Quelle: Vis-à-pix, Fraunhofer HHI).

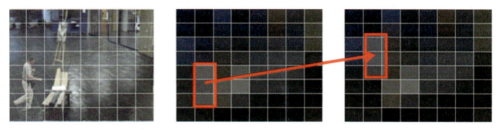

Abb. 2.2 Farbänderung beim Motion Tracking.
(Quelle: Vis-à-pix, Fraunhofer HHI).

Beispielsweise sollen sich im Empfangsbereich morgens alle Personen frei bewegen dürfen, vormittags dagegen müssen sich die Besucher zunächst bei der Empfangsdame melden, abends dürfen die Personen den Raum nur verlassen.

Für einfache Innenbereichs-Szenarien reichen diese Verfahren meist aus. Unter konstanter Beleuchtung und bei wenig Schatten oder Spiegelungen lassen sich große von kleinen Objekten unterscheiden. Im Außenbereich benötigt man zunächst niedrige, windfeste Bepflanzung sowie eine stabile Wetterlage oder dauerhafte nächtliche Beleuchtung. Die Verfahren erlernen die Bewegungen von Büschen, Bäumen, Rasen, Schneeflocken, Schattenschlag oder Regen. Ist dies geschehen, können Wetteränderungen beispielsweise keinen Alarm mehr hervorrufen.

Die Kameramontage ist bei der Anwendung solcher Verfahren von essentieller Bedeutung. Schneeflocken oder Regentropfen, die frontal auf die Linse treffen oder großflächig direkt beleuchtete Schneeflocken könnten zu Auslösungen führen. Bei konfigurationsfreien Algorithmen muss man sich auch darüber im Klaren sein, dass Vögel oder Wild sich ebenfalls vom gelernten Hintergrund deutlich unterscheiden und daher einen Alarm auslösen können.

2.2 Personenmodelle

Abb. 2.3 Erweiterte Motion Detection.

Motion-Detection-Verfahren (Abb. 2.3) können bereits einfache Verhaltensmuster erkennen und einen Alarm auslösen, wenn etwa ein Fahrzeug länger als drei Minuten an einer vorgegebenen Stelle parkt oder wenn ein Gegenstand zurückgelassen wird (statische Geschehnisse). Diese Verfahren sind vergleichsweise einfach, robust und benötigen nur geringe Rechenleistung. Für Aufgaben über den einfachen Perimeterschutz hinaus sind sie dagegen nicht geeignet.

2.2
Personenmodelle

Das Rezept: Personenmerkmale aus allen Lebenslagen

Will der Rechner Personen und ihr Verhalten analysieren, benötigt er Personenmodelle. Im einfachsten Fall handelt es sich um Schablonen, die in die Szene eingepasst werden. Eine solche Schablone schiebt man virtuell solange über die Szene, bis man Übereinstimmungen feststellt. Leistungsfähiger ist jedoch nicht der direkte Vergleich im Bild, sondern ein Vergleich der Merkmale. Hierbei besteht eine Person aus Kanten und Formen („Merkmalen"). Die nachfolgenden Bilder zeigen einige der Personenmodelle, die derzeit durch die internationale Forschergemeinde zirkulieren (Abb. 2.4, 2.5 und 2.6).

Die oben gezeigten Modelle eignen sich für Detektions- und Tracking-Aufgaben. Hierbei sind Personen nur zu „verfolgen", was aber bereits bei lockeren Menschenmengen einen hohen Rechenaufwand erfordert.

Die in Abbildung 2.6 gezeigten Skelettmodelle sind – bei aller Anschaulichkeit – bisher nur für Laborszenarien berechenbar, wobei hier die Echtzeitbedingung weit verfehlt wird. Zwar hofft man, insbesondere durch die Analyse der Armbewegungen, bald Handlungen wie Graffiti-Malen oder Diebstahl erkennen zu können, in der Praxis ist man von diesem Ziel jedoch viele Jahre entfernt.

Abb. 2.4 Ermittlung des Verhältnisses Höhe zu Breite. (Quelle: D. Damen, D. Hoog „Detecting carried objects in short video sequences", ECCV, Part III, S. 156–167, 2008).

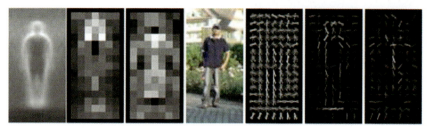

Abb. 2.5 Formen- und Kantenmerkmale der Person im mittleren Bild. (Quelle: N. Dalal, B. Triggs „Histograms of oriented gradients for human detection", CVPR, S. 886–893, 2005).

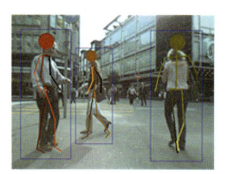

Abb. 2.6 Skelettmodell in ausgewählten Szenarien. (Quelle: S. Gammeter, A. Ess, T. Jäggli, K. Schindler, B. Leibe, L. V. Gool, „Articulated multi-body tracking under egomotion" ECCV, Part II, S. 816–830, 2008).

Besonders leistungsfähig sind nicht die „sichtbaren" Merkmale wie in den obigen Bildern, sondern verschiedene statische Beschreibungen. Diese erkennen eine Person oder unterscheiden Personen mit oder ohne Gepäck „zuverlässig mit einer gewissen Wahrscheinlichkeit". Eine absolute Sicherheit kann keinesfalls erwartet werden, dafür sind natürliche Szenen viel zu komplex und die Rahmenbedingungen zu variabel.

Für die Personensuche wird ein Suchfenster über das Bild geschoben. Es werden die dortigen Merkmale extrahiert und anschließend werden die Merkmale aus dem Suchfenster mit Personenmerkmalen verglichen. Diese Verfahren sind im statistischen Sinne reproduzierbar, es bleibt aber ein Restfehler von 5 bis 30 %.

2.3 Vordergrund-/Hintergrundanalyse

Das Rezept: Konzentriere dich auf die Bereiche, die sich ändern – den so genannten Vordergrund

In der statischen Bildanalyse zerlegt der Rechner eine Szene in eine Reihe von Bildsegmenten (Abb. 2.7). Jedes einzelne dieser Segmente wird anschließend überprüft. Es wird nach Mustern für Kopf, Augen, Schultern, Armen und dergleichen gesucht. Wird ein entsprechendes Muster erkannt, so wären in definierten Abständen die anderen Körpermerkmale zu finden. Sind sie nicht zu finden, wird die Annahme „Kopf" als falsch gewertet und es muss eine neue, nächste Annahme getroffen werden – ein sehr aufwändiges Unterfangen.

In Videos nutzt man zur Vereinfachung die Bewegungsinformation. Analysiert man die Unterschiede zwischen einem Videoframe und seinem Vorgänger, so erhält man das Differenzbild, die so genannte Maske (Abb. 2.8).

In der Maske, dem Vordergrund, werden alle sich bewegenden Objekte erkennbar. Nur diese werden nun weiter analysiert, was den Rechenaufwand um Größenordnungen reduziert. Die Suchfenster konzentrieren sich nur noch auf Vordergrundbereiche. Personen, die sich schnell bewegen, heben sich hervorragend vom Hintergrund ab – der sich allerdings ebenfalls, wenn auch langsam, verändert. Ein Hintergrund ändert sich beispielsweise im Sonnenlicht oder bei Reflexionen auf dem Boden; er muss also ständig nachgelernt werden. In Grenzbereichen, d. h. bei langsamen oder gar wartenden Personen im Außenbereich, verschmelzen die Personen mit dem Hintergrund. Eine besondere technische Herausforderung stellt daher die Messung von Wartezeiten dar. Bei konstanter Beleuchtung lassen sich wartende Personen gegenwärtig 10 Minuten lang beobachten (Abb. 2.9).

Der Hintergrund kann jedoch ausschließlich bei fest montierter Kamera erlernt werden. Unterliegt die Szene Vibrationen oder schwingt der Montagemast im Wind, so „verwackelt" die Szene und große Teile werden als Vordergrund aufgefasst. Dasselbe gilt für Kameras, die in Fahrzeugen montiert sind. Ebenso

Abb. 2.7 Segmentierung einer statischen Szene. (Quelle: Fraunhofer HHI, Berlin).

(a)

(b)

Abb. 2.8 a: Originalframe, b: Maske, hergeleitet aus den Differenzen zwischen zwei Frames. (Quelle: TU Berlin, Fachgebiet Nachrichtenübertragung).

Abb. 2.9 Wartezeit-Messung am Schalter. (Quelle: Vis-à-pix).

lassen sich Zoomkameras nur in der Home-Position verwenden, und dies nur, nachdem nach jedem Anfahren der Home-Position ein neuer Hintergrund erlernt wurde.

Die im Consumerbereich weit verbreiteten optischen Stabilisierer sind im Sicherheitsbereich weitestgehend unbekannt und eine Kompensation durch den Rechner erfordert eine hohe Rechenleistung (Abb. 2.10a und b) .

(a)

(b)

Abb. 2.10 a: Maske bei sehr leichten Vibrationen, b: nach Glättung.

Anders sieht es bei Stereokameras aus. Hier wird ein Kamerabild mit dem Bild einer anderen Kamera verglichen. Das Lernen des Hintergrunds entfällt. Stereokameras lassen sich daher sogar aus dem fahrenden Fahrzeug heraus verwenden – im Sicherheitsbereich sind Stereokameras derzeit allerdings wegen der erhöhten Kosten und des Wartungsaufwands noch unüblich.

2.4
Maschinelles Lernen

Das Rezept: Gewinne Merkmale, mache daraus Punktwolken und trenne die Punktwolken

In den 90ern machten verschiedene Verfahren der künstlichen Intelligenz Furore. Man erwartete, das menschliche Lernen nachbilden zu können. Die anfängliche Euphorie legte sich rasch, dennoch haben sich leistungsfähige Klassifikatoren etabliert, die nach folgendem Prinzip vorgehen:
1. Trainingsphase, die Parameter des Klassifikators werden gelernt:
   a) am Eingang liegt ein Objekt an (z. B. Personen, Fahrzeuge).
   b) am Ausgang wird vorgegeben, um welches Objekt es sich handelt.
2. Testphase, es wird klassifiziert:
   a) am Eingang liegt ein unbekanntes Objekt an.
   b) am Ausgang antwortet der Klassifikator, um welches Objekt es sich handelt.

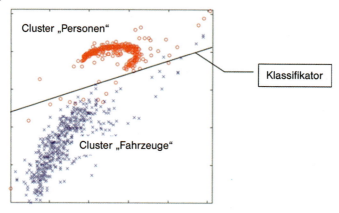

Abb. 2.11 Zwei Cluster, Trennung durch Klassifikator.
(Quelle: TU Berlin, Fachgebiet Nachrichtenübertragung).

Natürlich kann der Klassifikator nicht „Objekte" erkennen, sondern nur deren Merkmale, wie beispielsweise Farben, Formen und Kanten. Besteht eine solche Merkmalsgruppe für eine Person aus 300 Komponenten, so stellt es mathematisch gesehen einen Punkt in 300 Dimensionen dar. Eine ganze Klasse gleichartiger Objekte bildet eine Punktwolke, ein so genanntes Cluster. Der Klassifikator wiederum muss verschiedene Cluster voneinander trennen (Abb. 2.11).

Solche Klassifikatoren besitzen für die verschiedensten Probleme einen unterschiedlichen Rechenaufwand und unterschiedliche Leistungsfähigkeit, ohne dass sich pauschal eine Güte angeben ließe. Sie laufen unter den Begriffen „Neuronales Netz", „Cluster-Analyse", „Support Vector Machine", „Nearst-Neighbour-Verfahren", „Self Organizing Maps" und dergleichen mehr.

Allen Verfahren ist gemein, dass die Aufgabe zunächst gelernt werden muss. Ein Personenzählsystem muss eine Weile im Trainingszustand laufen, die Beleuchtung, Untergrund und Personen kennenlernen – erst dann ist es einsatzfähig. Selbstlernende Systeme („Hier sind Personen zu zählen, also drehe solange an den Parametern, bis vernünftige Zahlen rauskommen!") würden zwar Errichteraufwand sparen, sind aber bisher kaum umsetzbar.

2.5
Mustererkennung

Das Rezept: Suche robuste Spezial-Merkmale

Biometrische Merkmale, wie Gesicht, Fingerabdruck, Iris oder Venenkarten der Hand werden vorrangig zur Zugangskontrolle eingesetzt. Nur in diesem Einsatzgebiet lässt sich eine hohe Genauigkeit erreichen: bis zu 99,9% bei der Gesichtserkennung von maximal 2000 Personen. Die Schwierigkeit liegt hierbei

2.5 Mustererkennung

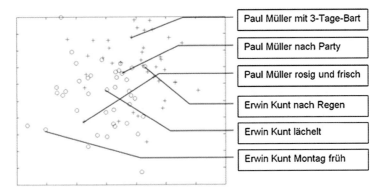

Abb. 2.12 Merkmale zweier Personen unter verschiedenen Bedingungen.

u. a. in der Robustheit gegenüber verschiedensten Ansichten, der Tagesform, bei Verdeckungen usw.

Wegen der Notwendigkeit, verschiedene Ansichten ein und derselben Person zu speichern, vermischen sich deren Merkmale mit denen anderer Personen (Abb. 2.12). In der Praxis lassen sich daher nur etwa bis zu 2000 Personen zuverlässig wiedererkennen. Vergrößert man die Menge der Kandidaten oder verschlechtert sich die Ausleuchtung, verringert sich die Bildauflösung o. ä., so sinkt die Unterscheidbarkeit drastisch. Es verbleiben lediglich Grobmerkmale, die dann nur noch 200 Personen unter 10 000 mit einer Wahrscheinlichkeit von 15% wiederfinden. Dies liegt sicherlich deutlich über der menschlichen Erkennungsrate, gleichzeitig sind und bleiben die mathematischen Möglichkeiten aber sehr begrenzt.

Die biometrischen Merkmale reichen selbst bei einer Genauigkeit von 99,9%[1] nicht für eine zuverlässige Zugangskontrolle aus, weshalb sie mit anderen Verfahren, wie Zutrittskarten, elektronischen Ausweisen oder Zahlencodes kombiniert werden.

Geht es dagegen um rein statistische Aussagen, etwa für die Kundenstatistik, lassen sich beispielsweise in einer Szene Gesichter mit 90%iger Zuverlässigkeit erkennen, Frauen und Männer mit 80%iger Sicherheit unterscheiden und selbst das Alter grob schätzen. Je besser die Kamera positioniert ist, desto höher die Erfolgsrate. So werden Kameras häufig an baulichen Hindernissen positioniert, da dort die Personenvereinzelung leicht erreicht wird.

---

[1] Eine von 1000 Personen wird falsch erkannt.

2.6
Zweidimensionale Abbildung einer dreidimensionalen Welt

Rezept:	1. einen Strahl
2. vom Brennpunkt der Kamera
3. durchs Bild
4. in die Weilt schicken

Die Kamera sieht lediglich ein zweidimensionales Abbild der dreidimensionalen Welt. Jeder Punkt auf diesem zweidimensionalen Bild wird erzeugt durch einen Suchstrahl, der vom Brennpunkt der Kamera ausgeht und die Welt „abtastet".

Diese Abbildung der Welt auf einem Bild ist eindeutig. Ein natürliches Objekt erzeugt ein eindeutiges Bild. Und auf diesem zweidimensionalen Bild erfolgt die Analyse (Abb. 2.13). Der umgekehrte Fall wiederum ist nicht eindeutig: Um aus einem Bild auf die Welt zu schließen, braucht man Weltwissen. Und leider sind in dieser dreidimensionalen Welt Schlussfolgerungen zu treffen, wie:

- Erkennung von 3D-Objekten,
- Lokalisierung der Objekte im Grundriss,
- Szeneninterpretation im Grundriss.

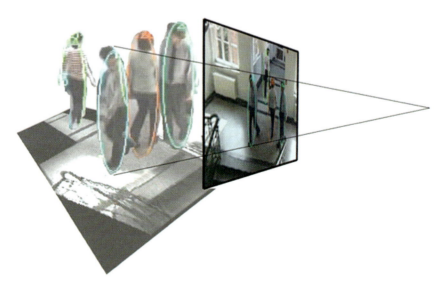

Abb. 2.13 Abbildung der dreidimensionalen Welt auf ein zweidimensionales Bild: 3D-Szene, dann 2D-Bild, rechts: Kamera mit Brennpunkt. (Quelle: Vis-à-pix Potsdam).

2.6 Zweidimensionale Abbildung einer dreidimensionalen Welt

Abb. 2.14 2D-Ansichten eines 3D-Objektes. (Quelle: P. Yan, S.M. Khan, „3D model based object class detection in an arbitrary view", IEEE Intl. Computer Vision (ICCV), 2007).

2.6.1
Erkennung von 3D-Objekten

Um ein dreidimensionales Objekt aus zweidimensionalen Ansichten erkennen zu können, müssen alle möglichen Ansichten von diesem Objekt gespeichert und verglichen werden (Abb. 2.14).

Angesichts dieses Aufwands wird deutlich, welche Komplexität sich hinter der Erkennung dreidimensionaler Objekte verbirgt. Meist verwendet man einfache, zweidimensionale Modelle – und kann dann entsprechend wenig erkennen.

2.6.2
Lokalisierung im Grundriss

Aussichtsreich dagegen ist das Lokalisieren von Personen im Grundriss. Dies erfolgt in zwei Schritten: Zunächst muss eine Person im Bild vollständig erkannt werden. Über die geometrischen Zusammenhänge lässt sich dann ausrechnen, wo sich die Person im Grundriss befinden muss.

In Abbildung 2.15 wurden bei einer Person die Beine nicht richtig erkannt – ein durchaus häufig vorkommender Fehler, denn Beine sind oft verdeckt, bewegen sich schnell und haben vielmals eine gedämpfte Farbe. Geht das Auswer-

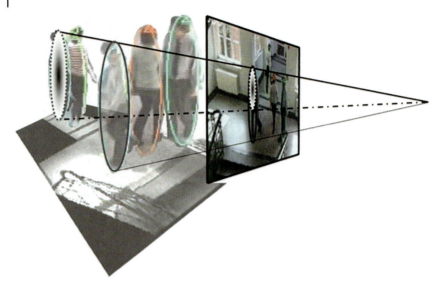

Abb. 2.15 Fehlerhafte Positionsbestimmung einer Person.

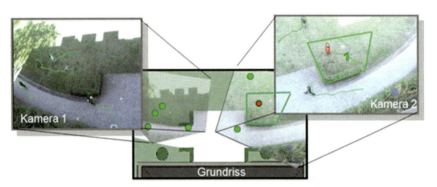

Abb. 2.16 Zwei Kameraansichten sowie der dazugehörige gemeinsame Grundriss. (Quelle: Vis-à-pix).

tungsprogramm trotz „fehlender Beine" davon aus, die Person sei 1,80 m groß, so wird in der Folge die Position der Person im Grundriss als zu weit hinten berechnet. Je flacher die Kamera auf die Szene blickt, desto gravierender wird dieser Positionierungsfehler. Bei den klassischen Beobachtungskameras, die Frontalansichten und einen großen Szeneneinblick liefern sollen und daher weitestgehend horizontal blicken, wird dieser Positionierungsfehler besonders groß. Grundrisskameras müssen daher senkrecht nach unten blicken (Abb. 2.16). Nur dann können sich die Personen nicht gegenseitig verdecken und die Personenströme lassen sich analysieren.

2.6.3
Szeneninterpretation im Grundriss

Mit der Auswertung von 3D-Szenen gewinnt die Videoanalyse eine neue Qualität. In einem Flughafen interessieren eigentlich nicht die 400 Einzelansichten. Zudem lässt sich eine solche Vielzahl von Kameras kaum im Blick behalten. Projiziert man dagegen die Einzelszenen in einen gemeinsamen Grundriss, lässt sich die gesamte Szene sehr wohl überblicken. Im Grundriss kann eine echte Szeneninterpretation vorgenommen werden. Personen werden dann zu anonymisierten Objekten eines Prozesses. Dieser Prozess mag die Funktion eines Flughafen-Abfertigungsgebäudes sein. Dessen Betriebszustände sind dann die abzufertigenden Personen. Diese sollen möglichst ohne Wartezeit und ohne Gefährdung zielgerichtet vom Ankunftsort zu ihrem jeweiligen Transportmittel geführt werden.

2.6.3.1 Kalibrierung
Unbedingte Voraussetzung dafür, dass Schlussfolgerungen vom Video für die reale Welt tatsächlich funktionieren, ist eine ordnungsgemäße Kalibrierung der Kamera.

Es gilt, die Abbildungsparameter zu ermitteln. Die äußeren Parameter, die so genannten **extrinsischen Parameter**, sind recht einfach zu ermitteln. Hierbei benötigt man
- einen gemeinsamen Nullpunkt (zum Beispiel wird ein Punkt im Gebäude zum Nullpunkt des globalen Koordinatensystems)
- die Achsenorientierung (in welche Richtung läuft die x-Achse?)
- die Kamerahöhe
- den Blickwinkel der Kamera.

Es ist leicht zu erkennen, dass Ungenauigkeiten bei der Angabe der Kameraposition zur Folge haben, dass deren Bilder falsch in den Grundriss eingeordnet werden. Die Bilder verschiedener Kameras überlappen sich dann nicht richtig, und schon können nicht einzelne Personen über die Kameragrenzen hinaus eindeutig verfolgt werden. Häufig verwendet man daher zusätzliche Passpunkte, d.h. es werden gemeinsame Punkte in der Szene und im Grundriss markiert. Dann können die Szenen halbautomatisch ausgerichtet werden.

Die inneren Kameraparameter, die so genannten **intrinsischen Parameter**, korrigieren die Abbildungsverzerrungen. Eine Kamera hat nicht nur verschiedene Öffnungswinkel, sondern verzerrt auch jede Szene. Um diese Verzerrungen zu ermitteln, bringt man in der Regel einen Kalibrierungskörper in die Szene. So sind Schachbretter, große Würfel mit 1 m Kantenlänge oder auch Personen als Kalibrierungsobjekte bekannt. Stellt man eine Person z.B. an 3 Punkte einer Szene, so erhält man mit Kopf- und Fußpunkten immerhin 6 Punkte aus der realen Welt (Abb. 2.17).

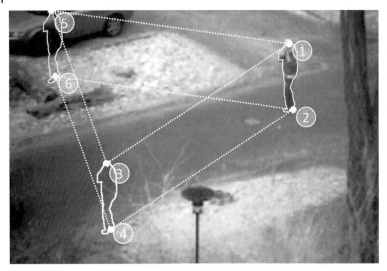

Abb. 2.17 Kalibrierung der intrinsischen Kameraparameter durch 6 Punkte in der Szene. (Quelle: Vis-à-pix).

Der Rechner erkennt durch den Vergleich der Koordinaten mit dem wirklichen Bild, welche Verzerrungsparameter die Kamera besitzt. Es versteht sich von selbst, dass diese Kalibrierungsprozedur den Vorschriften des jeweiligen Software-Herstellers[2] entsprechend und mit größter Sorgfalt durchzuführen ist.

Perspektivische Kalibrierung Die etwas robuster gehaltenen Verfahren nutzen die Perspektive, um die Größenverhältnisse in der realen Szene zu beurteilen. Hierfür müssen Personen und Fahrzeuge im oberen und im unteren Bildbereich definiert werden. Solchermaßen entwickelte Algorithmen können zwischen Mensch und Fahrzeug aufgrund der Proportionen, der Bewegungsart und zahlreicher weiterer gelernter Details unterscheiden (Abb. 2.18). Ist eine solche Unterscheidung erst einmal erfolgt, fällt es dem Systembetreiber leicht, verschiedenste Alarmauslösungen zu verwalten.

Objekte, die offensichtlich weder Mensch noch Fahrzeug sind, beispielsweise Kaninchen, fallen dann aus dem Alarmraster heraus.

Pixelauflösung Besonders drastisch machen sich die Verzerrungen bei so genannten 360°-Kameras bemerkbar. Von der Auflösung her handelt es sich hier häufig um Megapixel-Kameras, deren Bilder durch Fischaugen-Objektive oder Projektionskegel stark verzerrt sind. Bei derartig verzerrten Bildern sinkt die Auflösung in Teilbereichen drastisch und die hohe Pixelanzahl nützt nur wenig.

[2] Jede Kamera muss einzeln vermessen werden, da die Kamera-Hersteller diese Parameter nicht liefern.

2.6 Zweidimensionale Abbildung einer dreidimensionalen Welt

Abb. 2.18 Perspektivische Größen.

Abb. 2.19 Original, Fischaugen-Aufnahme und anschließende Entzerrung.

Abbildung 2.19 verdeutlicht am Beispiel eines moderaten Fischaugenobjektivs die Pixel-Auflösung. Wie groß ist ein Pixel in der realen Welt? Die linke Szene überdeckt etwa 10×10 m, und es wird eine Kamera mit 1000×1000 Bildpunkten angenommen. In der Fischaugen-Verzerrung im mittleren Bild kommen in der Bildmitte 1000 Pixel auf 10 m. Im oberen und unteren Bildbereich kommen aber nur 300 Pixel auf 10 m. Ein Pixel deckt also nur 3×1 cm ab. Bei der anschließenden Entzerrung per Software bleibt es bei dieser Auflösung, nur dass jetzt jeweils 3 Pixel (gleichen Inhalts) diese 3×1 cm wiedergeben.

Bei einer 360°-Megapixel-Kamera sieht der Auflösungsverlust ähnlich aus. Direkt unter der Kamera ist die Auflösung noch recht hoch, aber an den Bildrändern sinkt sie drastisch. Überblickt beispielsweise eine 9-Megapixel-Kamera einen Raum von 25×25 m, kommen also 4×3000 Pixel auf 100 m umlaufende Wand – ein Pixel steht weiterhin nur für 1×1 cm.

Bei 1 m^2 betrachteter Fläche schafft dagegen selbst eine 1-Megapixel-Pan-Tilt-Zoom-Kamera (PTZ, von englisch: schwenken, neigen, zoomen) eine Auflösung von 1×1 mm. Wenn also eine Megapixel-Kamera einen moderaten Öffnungswinkel besitzt und zusätzlich den Multi-Resolution-Zugriff erlaubt, bietet sie tatsächliche Vorteile. Dann kann sie mehrere PTZ-Kameras ersetzen und verschiedenen Benutzergruppen den gleichzeitigen Zugriff auf ein- und dieselbe Kamera erlauben.

Multi View Blickt eine Kamera horizontal, so wirkt sich jeder Analysefehler negativ auf die Positionsschätzung aus (insbesondere, wenn die Füße nicht erkannt werden, die Person scheint dann weiter weg zu sein). Quer zur Kamera wird die Position der Person zwar richtig ermittelt, aber der Längsfehler (auch „Tiefenfehler") wirkt sich gravierend aus.

Ist ausreichend Höhe vorhanden, so kann die Kamera vertikal nach unten blicken, der Tiefenfehler entfällt.

(a)

(b)

Abb. 2.20 a und b: Dieselbe Szene aus zwei Perspektiven mit den jeweils wahrscheinlichen Aufenthaltsorten. (Quelle: PETS 2009 Workshop, Miami, Florida, 25. 6. 2009, in IEEE CVPR, http://www.cvg.reading.ac.uk/PETS2009).

2.6 Zweidimensionale Abbildung einer dreidimensionalen Welt | 19

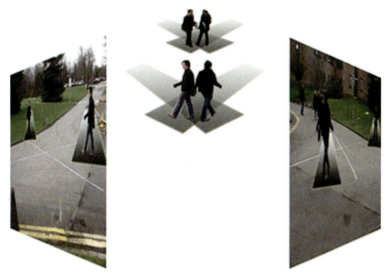

Abb. 2.21 Die selben Kamerabilder von je zwei Personen.
In der Mitte Grundriss mit wahrscheinlichen Aufenthaltsorten.

Richtet man nun zwei Kameras um 90° versetzt auf die Szene, so erhält man zwei Querschätzungen und die Person wird sehr präzise lokalisiert (Abb. 2.21).

Wie in Abbildung 2.21 zu erkennen ist, lässt sich die Position der Personen recht genau lokalisieren. Sie liegt im Schnittbereich der Aufenthaltskorridore.

Stereo Beim Stereosehen befinden sich – entsprechend dem menschlichen Sehen – zwei Kameras eng nebeneinander. Sie sehen also abgesehen von einem kleinen Winkelversatz genau dieselbe Szene. Ein Objekt im Bild der einen Kamera lässt sich daher leicht im Bild der anderen Kamera wiederfinden, es ist lediglich leicht versetzt (Abb. 2.22).

Je näher das Objekt an den Kameras ist, umso größer ist der Versatz. Anders herum: Aus dem Versatz lässt sich die Entfernung des Objektes ausrechnen.

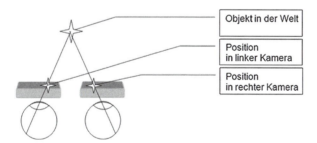

Abb. 2.22 Bildversatz beim Stereosehen.

Damit lässt sich eine Szene dreidimensional erfassen. Mit gängigen Kameras lassen sich auf diese Weise sogar Menschenmengen in bis zu 10 m Entfernung recht gut analysieren. Dabei genügt eine kontrastreiche Szene. Das Lernen eines Hintergrundes entfällt. Stereokameras werden beispielsweise von der Automobilindustrie in Fahrassistenzsystemen eingesetzt, die zur Vermeidung von Kollisionen zwischen Autos und Fußgängern oder Radfahrern dienen. Hier wurden in jüngster Zeit Durchbrüche erzielt, die mit dem 3D-Trend der Kinos einhergehen.

Stereokameras erweitern das Analysepotential beträchtlich, sind aber bisher im Sicherheitsbereich überwiegend aus Kostengründen nur wenig verbreitet.

Aktuelle Forschungsthemen sind gegenwärtig:
- 3D-Segmentierung (wo sind die Umrisse der Personen?)
- automatische Kamerakalibrierung (wo befinden sich die Kameras räumlich zueinander?)
- schnelle Interpretation (wo befinden sich Personen, wo Wände, Pfeiler etc.?).

2.7 Objekttracking

Das Rezept: Vermeide Verdeckungen!

Vorrangig beim typischen horizontalen Blick mit einer Kamera hat man es mit folgenden Problemen zu tun:
- dem Tiefenfehler
- der gegenseitigen Verdeckung.

Der Tiefenfehler entsteht überwiegend durch eine fehlende Erkennung der Füße. Noch gravierender wirkt sich die gegenseitige Verdeckung von Personen aus. Für den Rechner sind in diesem Fall keine eindeutigen Konturen erkennbar. Die Extremitäten verschwinden nicht zuordnungsfähig in der Menge. Genauso wenig sind die Personen aufzulösen.

Gehen dagegen zwei Personen aneinander vorüber (die so genannte „Kollision"), so müssen sie anschließend wieder erkannt werden. Sie könnten aneinander vorübergegangen sein, dann erkennt man im Grundriss gerade Pfade, sie könnten aber nach einem Treffen auch wieder jeder nach seiner Seite weggegangen sein – der weniger wahrscheinliche Fall.

Die folgenden Szenen verdeutlichen die Komplexität der Problematik anhand des Trackings in der Szene und anhand der zugehörigen Fußpfade.

In Abbildung 2.23 werden drei Personen getrackt. Die beiden Personen in der Mitte scheinen aufeinander zugegangen zu sein und sich wieder voneinander entfernt zu haben. Erst unter Zuhilfenahme von Stabilisierungsverfahren (wie dem so genannten Kalman-Filter) erhält man eine korrekte Analyse des Videos. In Abbildung 2.24 werden vier Personen getrackt, wovon die untere aus dem Bild verschwindet. In diesem Fall wird richtig erkannt, dass die zwei mitt-

Abb. 2.23 Fehlzuordnung nach Kollision sowie Fußpfade im Grundriss bei abgeschalteter Pfadstabilisierung.

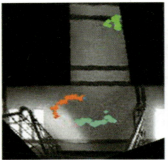

Abb. 2.24 Korrekte Zuordnung der Fußpfade. (Quelle: Vis-à-pix).

leren Personen aneinander vorübergegangen sind. Die Stabilisierungsverfahren arbeiten mit Wahrscheinlichkeiten und prüfen den vorhergesagten Aufenthaltsort im Kontext der gesamten Szene.

Es bleibt der Hinweis hinzuzufügen, dass das Tracken mit einer einzelnen Kamera kaum fehlerfrei arbeitet. Erst ein vertikaler Blick nach unten, die Stereo-Anordnung und sicherlich Multi-View-Anordnungen verbessern die Genauigkeit.

Kameraübergreifende Personenverfolgung Beobachten mehrere Kameras ein- und dieselbe Szene, lässt sich eine Personen selbst bei Horizontalsicht deutlich präziser lokalisieren. Idealerweise sind zwei oder mehrere Kameras in unterschiedlichen Winkeln angeordnet. Hat man es allerdings mit mehr als einer Person zu tun, leidet die Zuordnung. In Längsrichtung macht jede Kamera ihren Positionierungsfehler, damit könnten sich die Personen jeweils unterschiedlich weit in der Szene befinden. Einzelne Personen können jetzt nur noch anhand ihrer Kleidungsfarbe unterschieden werden, was aber, wie in Ab-

Abb. 2.25 Aufenthaltsmöglichkeiten zweier Personen bei Horizontalsicht.

bildung 2.25 zu erkennen ist, in der Praxis einer Szene aus 20 m Entfernung kaum zu realisieren ist.

Hinzu kommt, dass eine Person von vorn meist anders aussieht als von der Seite. Eine Querkamera bekommt daher meist eine völlig andere Sicht, wodurch die Wiedererkennung erschwert wird.

Es wird hier noch einmal ausdrücklich herausgestellt, dass sich Personen in der Horizontal-, bzw. Schrägperspektive in einer losen Gruppe kaum verfolgen lassen, sofern sie sich nicht optisch eindeutig unterscheiden.

Unter den häufig anzutreffenden baulichen Gegebenheiten mit niedrigen Gebäuden und Gängen kann jedoch oft nicht mit vertikal ausgerichteten Kameras gearbeitet werden. Insbesondere, wenn mehrere Personen in der Szene sind, ist mit weniger guten Ergebnissen beim Tracking zu rechnen. Blicken die Kameras dagegen bei ausreichender Höhe nach unten, wird das Tracking deutlich zuverlässiger. Fehler beim Tracking werden dann hauptsächlich durch Kalibrierungsmängel verursacht. Dennoch ist man auch hier weit von Perfektion entfernt.

2.8
Szeneninterpretation

Das Rezept: Interpretiere die Muster

Die Szeneninterpretation stellt eine Analyse auf höchstem Niveau dar. Man untersucht hierbei:
- Muster im Grundriss
- Personen mit stereotypen Verhalten.

In beide Verfahren werden große Erwartungen gelegt.

2.8.1
Mustererkennung im Grundriss

Zwar sind einfache Aufgaben im Grundriss lösbar: „Zähle morgens die Personen, die sich von links nach rechts bewegen!" oder „Gib abends beim Erfassen von Personen Alarm!". So lassen sich Personenströme analysieren, wozu Verfahren verwendet werden, die sonst bei Durchflussmessungen und Partikelmessverfahren herangezogen werden.

Der Alarm kann auch so eingerichtet werden, dass er ausschließlich durch Menschenbewegung ausgelöst wird und jedwede andere Bewegung ignoriert. Das Kaninchen oder das Fahrzeug werden zwar einwandfrei als Bewegung erkannt, die sich vom gelernten Szenario unterscheidet – sie führen jedoch nicht zu einer Auslösung des Alarms. So kann ein und dieselbe Kamera dazu dienen, unzulässige Zaunüberschreitungen durch Personen zu melden, gleichzeitig aber auch die Feuerwehrzufahrt zu überwachen und zu lange parkende Fahrzeuge dem Wachmann zu melden. Solche Algorithmen finden ihre Anwendung natürlich meistens im Außenbereich und benötigen je nach Aufgabenstellung und Umgebung eine gewisse Rechenleistung. Sind die erforderlichen Informationen aber erst einmal vorhanden, lassen sich leicht weitere Bedingungen ableiten. Beispielsweise kann eine Richtungsabhängigkeit (Abb. 2.26) geschaffen werden oder man nutzt PTZ-Kameras, um alarmauslösende Objekte vollautomatisch zu verfolgen und näher heranzuholen (Abb. 2.27).

Komplexere Aufgaben, die nur mit großer Erfahrung erkennbar sind, lassen sich dagegen mathematisch kaum erfassen. So ist etwa eine Schlägerei unter Fußballanhängern anhand der „Fans" erkennbar, die als Zuschauer darum herum stehen. Automatisch lässt sich eine derartige Situation nur schwer erkennen, denn dazu müsste (häufig aus der Schrägperspektive) bekannt sein, welchen Durchmesser ein typischer „Zuschauerkreis" hat, wie „unvollständige Zuschauerkreise" interpretiert werden können, und dergleichen mehr an unbe-

Abb. 2.26 Richtungserkennung durch virtuelle Zäune.

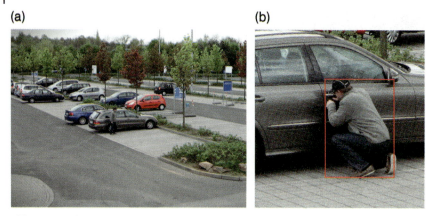

Abb. 2.27 a: Ohne automatischen Zoom und b: Mit Autozoom-Funktion.

kannten Parametern. So bleibt das Thema, gefahrenträchtige Situationen zu erkennen, gegenwärtig ein intensives Forschungsthema im Spannungsfeld zwischen kriminologischer Verhaltensanalyse und Mustererkennung.

2.8.2
Personen mit stereotypen Verhalten

Bei der Verhaltensbeschreibung ist die Differenz zwischen computerbasierter und menschlicher Erkennungsleistung noch höher. Hier gilt es zunächst einzelne Personen zu erkennen, diese evtl. aus einer Gruppe herauszulösen und (bei variablen Perspektiv- und Größenverhältnissen) anschließend möglichst die Arme und Beine zu erkennen. Der hierfür benötigte Rechenaufwand übersteigt gegenwärtig sämtliche Möglichkeiten. Nach der Extraktion der Merkmale beginnt dann die eigentliche Schwierigkeit: die Beurteilung einer sehr vielfältigen Situation. So lässt sich ein Taschendiebstahl keineswegs von einer x-beliebigen alltäglichen Handlung unterscheiden. Die Forschungsansätze gehen daher in Richtung primitiver, aber dadurch auch zuverlässiger Merkmale:
- fehlende geradlinige Bewegung auf Parkplätzen (Herumlungern von Personen)
- plötzliche Geschwindigkeitsänderung von Personen (Panikbewegungen, Staubildungen auf der Straße).

Mit Hilfe dieser robusten Verfahren lassen sich einigermaßen reproduzierbare Verhaltensweisen, wie z. B. Graffiti-Malen, mit einer gewissen Wahrscheinlichkeit erkennen. Eine völlig sichere Erkennung ist aber auch hier noch nicht möglich, letztlich müssen „wahrscheinliche" Szenen vom Menschen bewertet werden. Dann zeigen diese Verfahren, z. B. in Tunnels (Abb. 2.28), Zügen oder bei Infrarotkameras (Abb. 2.29) durchaus ihre Praxistauglichkeit.

Mitunter werden Algorithmen zu stark für spezielle Situationen getrimmt. Soll beispielsweise eine Aktentasche erkannt werden, die über einen Zaun geworfen

Abb. 2.28 Algorithmen mit Detektion von Autos und Menschen im Tunnel. (Quelle: Geutebrück).

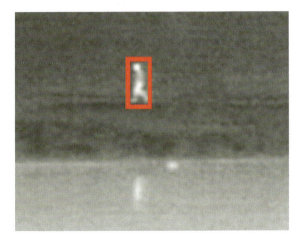

Abb. 2.29 Detektion eines Menschen durch eine Wärmebildkamera. (Quelle: Flir).

wird, während ein Vogel vor dem Objektiv dagegen keinen Fehlalarm auslösen darf, so lässt sich diese Erkennungsleistung mit Hilfe von speziell getrimmten Verfahren prinzipiell herstellen. Nachteilig wirkt es sich jedoch aus, wenn die Verfahren zu speziell und zu exakt auf die Problematik justiert werden. Bereits eine kleine Änderung der Rahmenbedingungen lässt dann ein eben noch sehr erfolgreiches Verfahren rigoros versagen. Dann müssen komplizierte Parameter nachjustiert werden, wozu Spezialisten hinzugezogen werden müssen. Zu stark spezialisierte Verfahren verursachen daher häufig hohe Folgekosten.

Abb. 2.30 Wartende auf dem Bahnhof und erkannte Gepäckstücke.
(Quelle: TU Berlin, Fachgebiet Nachrichtenübertragung).

(a) (b)

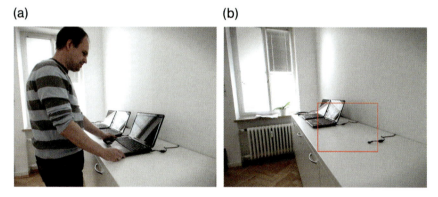

Abb. 2.31 a: Die Person verlässt mit Laptop den Raum.
b: Der Laptop wird als fehlender Gegenstand erkannt.

Ein vergessenes Gepäckstück lässt sich grundsätzlich daran erkennen, dass es als „neu, aber statisch" in der Szene erschienen ist (Abb. 2.30). Wartende Personen stellen dagegen eine besondere Herausforderung dar, da sie nach einer gewissen Zeit „mit dem Hintergrund verschmelzen". Zuverlässige Messungen in der Größenordnung von 15 Minuten bilden gegenwärtig die Grenze des technisch Machbaren. Das Fehlen eines Gegenstandes lässt sich wiederum einfach erkennen (Abb. 2.31).

Obwohl die abgebildeten Szenarien realitätsnah sind und die derzeitigen technischen Möglichkeiten sogar eine Zuordnung der zugehörigen Person erlauben, ist die routinemäßige Analyse ähnlicher Szenen weit von der Praxisnähe entfernt. Auf einem Bahnhof beispielsweise würden Duzende Koffer verborgen in einer Menschenmenge stehen und sogar die Kofferträger würden im Bild einer Überblickskamera in 30 m Höhe „grau in grau" in der Menge untertauchen. Das Ganze würde noch leiden unter den Spiegelungen eines einfahrenden ICE. Einer derartigen Aufgabe ist nur ein sehr komplexes Szeneninterpretationsverfahren gewachsen und auch ein solches erkennt nur mit einer gewissen Wahrscheinlichkeit: Die letzte Entscheidung muss daher das erfahrene Aufsichtspersonal treffen!

3
Einsatzgebiete der Videoanalyse

3.1
Intelligente Kamera versus PC-gestützte Auswertung

Vorweg: Eine klare Entscheidung pro intelligente Kamera und contra PC-Auswertung oder umgekehrt werden wir heute nur von den jeweiligen Herstellern hören. Wie so oft entscheidet der Bedarf. Bevor wir uns im Detail die Vor- und Nachteile der Systeme anschauen, werfen wir zunächst einen Blick auf die Systeme selbst.

Eine intelligente Kamera dürfte auch intelligenter Recorder, intelligenter Videoserver oder intelligente zwischengeschaltete Box heißen. Vom System her gleich bleibt: Eine Optik leitet Videoinformationen an ein Stück Hardware weiter. In dieser Hardware wiederum wird versucht, die angelieferten Bilder auszuwerten.

Ob das System dabei mit in die Kamera eingebaut wird, oder ob es als Hardware nachgeschaltet wird, spielt dabei für unsere erste Betrachtung keine Rolle: Wichtig im Vergleich zur PC-Auswertung ist zunächst einmal, dass wir keine zusätzliche PC-Hardware mit Analysesoftware ins Spiel bringen. Abbildung 3.1 macht es deutlich. Oben ist schematisch eine Kamera mit nachgeschaltetem

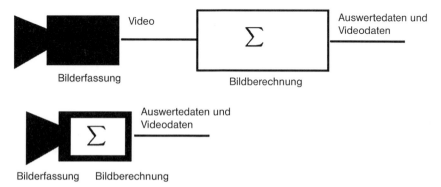

Abb. 3.1 Oben: Externe Berechnung und unten: interne Berechnung des Bildes bei der intelligenten Kamera.

Intelligente Videoanalyse: Handbuch für die Praxis.
Torsten Anstädt, Ivo Keller und Harald Lutz
Copyright © 2010 WILEY-VCH Verlag GmbH & Co. KGaA, Weinheim
ISBN: 978-3-527-40976-1

30 | 3 Einsatzgebiete der Videoanalyse

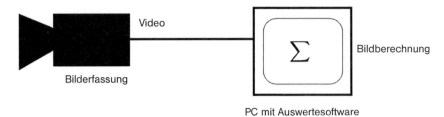

Abb. 3.2 PC-gestützte Lösung: Die Auswertung des Videos erfolgt auf einem gesonderten Rechner (PC/Server).

Analysesystem dargestellt und unten eine Kamera mit integriertem Analysesystem. Im Resultat haben wir so oder so ein System, das Bilddaten erfasst und verarbeitet. Am Ende der Informationskette liegen Videodaten und Informationsdaten vor. Die Videodaten können auf herkömmliche Weise gezeigt und weiterverarbeitet werden: Darstellung als Live-Bilder und Aufzeichnung. Die Auswertedaten wiederum werden genutzt, um dem Anwender zusätzliche Informationen zur Verfügung zu stellen. So kann er zum Beispiel mit der Zusatzinformation versorgt werden, dass eine Person erkannt oder dass eine Kamera verdreht wurde.

Im Unterschied zur intelligenten Kamera wird bei dem System, das derzeit noch häufiger am Markt anzutreffen ist, das Bild zunächst einem PC/Serversystem zugeführt, wo die Berechnung durchgeführt wird (Abb. 3.2). Auch hier liegen am Ende sowohl Videodaten als auch Auswertedaten vor. Beide Systeme sollen helfen, Videodaten auszuwerten und uns mit Zusatzinformationen zu versorgen. Wo also stecken die entscheidenden, wichtigen Unterschiede beider Systeme?

Um das System als Ganzes funktionieren zu lassen, benötigen beide Systeme die Möglichkeit der Visualisierung. Und zwar nicht nur die des Videobildes, sondern insbesondere die Darstellung der Zusatzinformationen, also der ausgewerteten Daten. Bei einer intelligenten Kamera bzw. einem intelligenten PC/Server muss sowohl das Bild als auch die Zusatzinformation zur Anzeige gebracht werden. Traditionelle Monitorwände und Kreuzschienen stehen immer seltener zur Debatte, diese Funktionen werden meist durch Software übernommen und auch diese Software braucht wiederum einen Rechner.

Nun könnte der eifrige Verfechter der intelligenten Kamera einwenden, dass die Kamera im Alarmfalle ein Relais zum Schalten bringen kann, um uns einen Alarm anzuzeigen. Diese Information: Relais ein = Alarm, Relais aus = kein Alarm, bringt den Anwender aber aufgrund der Vielzahl heute möglicher Alarme nicht wirklich weiter. Die intelligente Videoanalyse soll uns heute mehr als nur einen Alarmfall mitteilen können: Rauch detektiert, Kennzeichen erkannt, Person in falsche Richtung gehend erkannt ... Unser Kapitel 2 über die vorhandenen Algorithmen zeigt die Vielfalt auf.

Gebraucht werden vernünftige Anzeigemöglichkeiten für die Person, der der Alarm präsentiert werden soll. Die allermeisten Analysesysteme, die „in" der

Abb. 3.3 Links: Analyse in der Kamera und Anzeige mittels Software (intelligente Kamera). Rechts: Analyse und Anzeige mittels Software (PC/Server).

Kamera arbeiten, liefern Software mit, die die Daten aus der Kamera (oder der nachgeschalteten intelligenten Box) zur Anzeige bringen. Also haben wir eine systematische Übereinstimmung: In beiden Fällen, bei der intelligenten Kamera und bei der PC-gestützten Auswertung kommen die Videobilder von der Kamera und die Information erscheint auf dem PC (Abb. 3.3).

Wenn wir unser Ziel erreichen wollen, spielt es ganz offensichtlich keine Rolle, ob wir uns für das eine oder das andere System entscheiden. Für die Fallentscheidung müssen wir weitere Faktoren zu Rate ziehen. Schauen wir uns auf den nächsten Seiten folgende Faktoren genauer an:
- Rechenleistung
- Anlagengröße
- Zukunftssicherheit
- Handhabung.

3.1.1
Die Rechenleistung

Betrachtet man die marktrelevanten Produkte, sieht man schnell: Die wesentlich komplexeren Algorithmen laufen meist auf externen PC. Ein handelsüblicher PC ist heute in der Lage, viele verschiedene Rechenschritte durchzuführen. Ein in einer Kamera bzw. in einer Analysebox eingesetzter Chip ist in der Rechenleistung einem PC unterlegen. In der Kamera selbst kann daher nur eine sehr beschränkte Anzahl von Algorithmen gleichzeitig laufen. In der Regel findet man heute lediglich Zählfunktionen oder erweiterte Bewegungsdetektoren. Diese haben gegenüber herkömmlichen Bewegungsmeldern aber den entscheidenden Vorteil, Hintergründe besser einzulernen und nur tatsächliche Vordergrundaktivitäten zu melden. Es muss daher an dieser Stelle festgehalten werden, dass derzeitige intelligente Kameras schon bedeutend mehr zu leisten imstande sind, als marktübliche Bewegungsmelder . Der Unterschied zwischen einem Bewegungsmelder (Motion Detection) und der Bewegungsanalyse (Motion Tracking) ist ausführlich in unserem Kapitel über die Algorithmen beschrieben.

Ein PC hat gegenüber der intelligenten Kamera den Vorteil der leichteren Erweiterbarkeit. Er kann darüber hinaus zahlreiche weitere Algorithmen arbeiten lassen, und das sehr häufig auch noch auf einem einzigen Videobild.

Beispiel: Eine Kamera überwacht eine Toreinfahrt. Des Nachts soll jedwede Bewegung gemeldet werden. Tagsüber soll die Kamera zusätzlich eine Autokennzeichenerkennung durchführen. Dem PC wird das Videosignal der Kamera zugeführt, dort wird dieses von zwei (oder mehr) Algorithmen verarbeitet und ausgewertet.

3.1.2
Die Anlagengröße

Ein Blick auf die Anlagengröße ist heute beim Einsatz von Netzwerkkameras obligat. Fragen wie „Wo wird aufgezeichnet?", „Wo wird das Live-Bild überall gleichzeitig zur Anzeige gebracht?" oder „Wie lange muss bei welcher Qualität aufgezeichnet werden?" entscheiden im Projekt schnell über Unterschiede im sechsstelligen Euro-Bereich, in Großprojekten noch darüber. Wird Analytik eingesetzt, stellen sich manche Fragen sozusagen doppelt: Nicht nur „Wo wird aufgezeichnet?", sondern auch „Wo wird analysiert?" Bei der Planung ist demgemäß von vornherein darauf zu achten, dass für die Videosignale ausreichend Kapazitäten im Netzwerk zur Verfügung gestellt werden. Die Hersteller von Netzwerkkameras bieten fast immer kleine Rechenwerkzeuge an, die die benötigte Bandbreite bestimmen können. Sollen viele Kameras analysiert werden, ist häufig die PC-basierte Lösung leichter umzusetzen. Aber gerade in komplexeren Systemen, möglicherweise „gewachsenen" Systemen, bietet sich diese Möglichkeiten nicht immer an. Gerade wenn nicht jede Kamera „intelligent" sein soll, spielen die intelligenten Kameras ihre Vorteile aus: Zur Analyse muss das Videosignal nicht durch das ganze Netzwerk zum Analyse-PC gesendet werden. Analysiert wird „vor Ort", eben in der Kamera. Sollte der Algorithmus in der Kamera etwas melden, kann der Wachmann in der Zentrale über diesen Vorgang informiert werden und dann entscheiden, ob das Bild zur Anzeige gebracht werden soll oder nicht.

Auf diese Weise lässt sich in komplexeren Systemen sehr häufig auch wertvolle Bandbreite einsparen, denn das Video muss nicht erst den Weg durch das Netzwerk gehen, bis es analysiert werden kann (Abb. 3.4). Moderne Kameras bieten darüber hinaus an, Voralarmvideos im Speicher der Kamera vorzuhalten, bis diese von der Zentrale oder dem Wachdienst abgerufen werden. Wichtig ist es auch hier, auf Interoperabilität (Fähigkeit zur Zusammenarbeit) der eingesetzten Systeme zu achten. Befragen Sie die Hersteller!

3.1.3
Zukunftssicherheit

Der leidgeprüfte Systemintegrator kann ein Lied davon singen: Es ist nur so viel Geld da, wie gerade mal die Hälfte des geplanten Projektes benötigen würde. Mit diesem Wissen im Hinterkopf ist die Umsetzung einer Anweisung „Planen Sie bitte auch für die Zukunft!" oft nur schwer möglich. Wir empfehlen dennoch ausdrücklich, eventuell geplante oder auch erst angedachte Veränderungen und/oder Erweiterungen mit in die Planungen aufzunehmen. Das gilt umso mehr, wenn Videoanalyse mit im Spiel ist. Denn zusätzlich zum Thema Bandbreiten, Speicherplatz und Videodatenverlauf kommt die Einheit „Rechenleistung" hinzu. Wird nur punktuell erweitert, kann man wieder auf intelligente Kameras setzen, die keine zusätzliche Rechenleistung im System verlangen.

Egal, ob ein System mit intelligenten Kameras, ein PC-gestütztes oder gar ein Mischsystem zum Einsatz kommen wird: Von Anfang an muss betrachtet werden, welche Erweiterungsmöglichkeiten die Systeme bieten. Manche PC-gestützten Systeme verbieten die Einbindung intelligenter Kameras, einige Hersteller intelligenter Kameras erlauben in ihren Softwaresystemen nur die Meldungen der „eigenen" Kameras. Beides schränkt zukünftige Möglichkeiten stark ein.

3.1.4
Handhabung

In jedem Falle muss der Endkunde einen Eindruck von der Bedienung und Anwendung des zukünftigen Systems haben. Müssen Schnittstellen zu bestehenden Systemen geschaffen werden? Das kann komplizierter werden als ein zuvor sauber ausgearbeitetes komplettes Projekt. Man muss aktiv hinterfragen, welche Bestandssysteme weiter genutzt werden sollen oder gar müssen. Zeigt sich, dass die Einbindung eine große Hürde darstellt, kann man schon zu Projektbeginn Alternativen vorsehen. Oft sind die Hersteller der Analysesysteme kooperativ genug, Vorschläge zu unterbreiten. Wie so oft im Leben gilt auch hier: Je mehr Informationen ausgetauscht werden, desto sicherer ist man vor Überraschungen gefeit.

Weiters empfehlen wir, das Bedienungspersonal schon rechtzeitig im Projektverlauf mit einzubeziehen. Erfahrungsgemäß ist man dort von Innovationen nicht immer angetan. Dies schlägt sich allerdings oft ins Gegenteil um, wenn das Personal von Anfang an die Möglichkeit hat, die Bedienung des Systems so weit wie möglich unter die Lupe zu nehmen und auch Kommentare dazu abzugeben. Manche Kritik kann sofort aufgenommen und oft sogar entkräftet werden. Oder sie fließt in die Produktentwicklung ein.

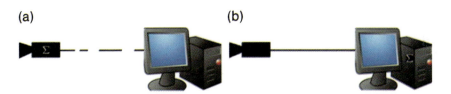

Abb. 3.4 a: Kein Kamerasignal geht durch das Netzwerk solange keine Detektion durch den Algorithmus erfolgt: Einsparen von Bandbreite und b: Dauerhaftes Senden des Videosignals durch das Netzwerk bei Einsatz von PC-basierten Systemen.

Tab. 3.1 Vor- und Nachteile von PC-basierten Systemen und intelligenten Kameras.

PC-basierte Analyse		Intelligente Kamera	
Vorteile	Nachteile	Vorteile	Nachteile
Einfache Erweiterbarkeit	Videodaten müssen zum Analyseserver gelangen	Keine zusätzliche Hardware nötig	Nur beschränkte Analysemöglichkeiten
Vielzahl modernster Algorithmen verfügbar	Erhöhter Bandbreitenbedarf	Videodaten müssen nur bei Bedarf gesendet werden	Aufrüstung bzw. Erweiterung nur sehr bedingt möglich
Analyse zentral einstellbar	„Single Point of Failure" (fällt der Analyse-PC aus, arbeitet keine Kamera mehr mit Analyse)	Lokale Speicherung häufig möglich (damit teilweise sicher gegen Netzwerkausfall)	
Bestandskameras (auch analoge) können genutzt werden			

3.1.5
Fazit

Es bleibt uns nicht erspart, das Projekt unter Berücksichtigung der Kundenanforderungen genau unter die Lupe zu nehmen. Danach kann eine Entscheidung gefällt werden, die durchaus als Ergebnis auch einen Mischbetrieb haben kann. In Tabelle 3.1 sind in Kürze die Vor- und Nachteile der Systeme zusammengefasst.

Nachdem wir nun die Systemunterschiede erläutert haben, machen wir uns in den nächsten Kapiteln daran, die Funktionen der Videoanalyse und ihre resultierenden Einsatzgebiete zu erläutern. Zum besseren Verständnis soll zunächst ein Exkurs in die Physik unternommen werden.

3.2
Infrarot-Licht, atmosphärische Fenster, Eigenstrahlung – Sehen in dunklen Welten

Licht kann als elektromagnetische Strahlung aufgefasst werden. Das sichtbare Licht hat die Wellenlänge im Bereich von 440–680 nm.

Ganz links in Abbildung 3.5 finden wir die UV-Strahlung mit Wellenlängen, die kürzer sind als die des sichtbaren Lichts. UV-Strahlung ist eiweißschädigend. Lediglich Vögel und Insekten vermögen bereits Wellenlängen ab 250 nm zu sehen, wobei ihre Netzhaut wegen der zellschädigenden Wirkung besondere Reparaturmechanismen mitbringen muss.

Es folgt rechts das sichtbare Spektrum mit blauem, grünem, gelben, orangefarbenem und rotem Licht. Für das menschliche Sehen ist bedeutsam, dass

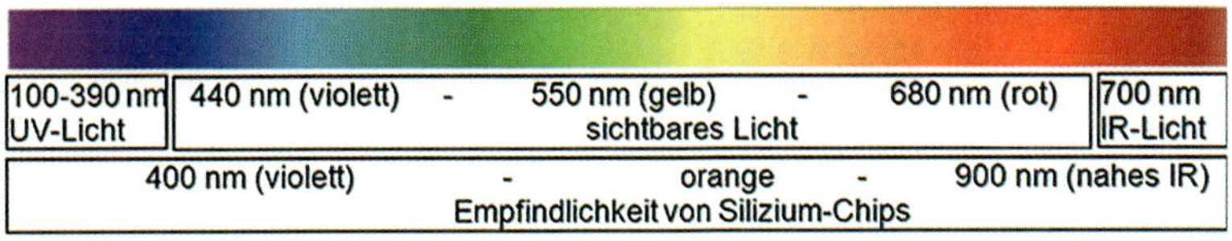

100-390 nm UV-Licht	440 nm (violett)	-	550 nm (gelb) sichtbares Licht	-	680 nm (rot)	700 nm IR-Licht
	400 nm (violett)	-	orange Empfindlichkeit von Silizium-Chips	-	900 nm (nahes IR)	

Abb. 3.5 Die Farben und ihre Wellenlängen.

die Sonne mit ihrer Oberflächentemperatur von 5500 K ein Strahlungsmaximum bei 527 nm hat. Das Tageslicht erscheint uns daher gelbgrün gefärbt – und genau bei dieser Farbe ist das menschliche Auge auch am empfindlichsten. Noch präziser betrachtet, sieht der Mensch mit Hilfe seiner lichtempfindlichen Zellen auf der Netzhaut bei 448 nm blau, bei 518 nm grün und bei 617 nm rot[1]. Dies sind ebenfalls die Farben, für die das Silizium der Kamerachips empfindlich gemacht wurde.

Pflanzen nehmen für ihre Photosynthese blaues und rotes Licht auf, bei grünem Licht reflektieren sie. „Grün" auszusehen ist für Pflanzen eigentlich nachteilig, da sie doch dadurch das hellste Licht der Sonne verschenken. Aber leider besitzt das Chlorophyll der Pflanzen nur im blauen und roten Spektrum die für die Photosynthese benötigten Elektronenübergänge – sie können nur blaues und rotes Licht verwerten.

Licht mit noch größerer Wellenlänge als 700 nm ist derartig energiearm, dass die Pflanzen es für die Photosynthese nicht mehr nutzen können. Dieses Infrarot-Licht würde die Pflanzen nur noch erwärmen, was zu schädlicher Verdunstung führen würde. Die Pflanzen reflektieren daher IR-Licht ab 750 nm. Würde man ein- und dasselbe Blatt mit Licht verschiedener Wellenlänge bestrahlen (z. B. durch Verwendung eines Farbfilters, den man von Blau bis ins nahe IR durchtrimmen kann), so würde dieses Blatt
- bei blauem Licht dunkel (Aufnahme des Lichts durch die Photosynthese)
- bei grünem Licht hell (Reflexion)
- bei rotem Licht dunkel (Aufnahme des Lichts durch die Photosynthese)
- bei Infrarot-Licht sehr hell (Erwärmung vermeiden)

erscheinen.

Dies ist für die Bildauswertung bedeutsam. Für die Auswertung eines derartigen Versuchs über ein Videosystem benötigt man lichtempfindliche Halbleiter. Unbehandeltes Silizium, wie es in Schwarz-Weiß-Kameras zu finden ist, überdeckt einen weiten Empfindlichkeitsbereich von 400–950 nm, was damit weit jenseits des für Menschen sichtbaren Lichts liegt. Eine typische IR-Beleuchtung bei einer Wellenlänge von 800 nm wird in jeder gebräuchlichen Silizium-Kamera in der „Night-Shot-Einstellung" (alle Farben sind gleich wichtig, es wird nur das Schwarz-Weiß-Bild benötigt) problemlos gesehen. Der Mensch dagegen sieht nur das Streulicht um 680 nm.

[1] Judd, D.B.: „Response functions for types of vision according to the Müller theory", J. Res. Nat. Bur. Standards, Washington (DC), Vol. 42, 1949, S. 1–3.

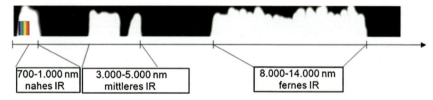

Abb. 3.6 Durchlässigkeit der Atmosphäre für Licht verschiedener Wellenlängen. Bunter Bereich: sichtbares Licht.

Infrarot-Licht ist ideal für eine unbemerkte Szenenbeobachtung. Allerdings muss man hier noch die Atmosphäreneigenschaften berücksichtigen. Wasserdampf schluckt viel Licht des IR-Bereichs, und die wasserdampfhaltige Atmosphäre ist für viele Wellenlängenbereiche undurchlässig.

Die Abbildung 3.6 zeigt Folgendes: Bei Wellenlängen, die kürzer sind als die des UV-Lichts, ist die Atmosphäre undurchsichtig, das heißt Wellenlängen unter 100 nm dringen nicht durch. Das erste Atmosphärenfenster ist offen vom UV-Licht bis zum Ende des so genannten „nahen Infrarots" (700–1000 nm). Das zweite Atmosphärenfenster existiert bei 3–5 m (3000–5000 nm), dem so genannten „mittleren Infrarot". Zwischen 8–14 m (8000–14 000 nm) existiert im so genannten „fernen Infrarot" ein drittes Atmosphärenfenster. Im Detail sind die Bereiche in Tabelle 3.2 beschrieben:

Tab. 3.2 Charakterisierung der Atmosphärenfester und Kamerawahrnehmung.

	1. Atmosphärenfenster	2. Atmosphärenfenster	2. Atmosphärenfenster
Wellenlänge (nm)	100–1000	3000–5000	10 000–14 000
Bezeichnung	UV, sichtbares Licht, nahes Infrarot	mittleres Infrarot	fernes Infrarot
Erscheinungsbild der Kamera-Wiedergabe	Pflanzen werden heller. Sonstige Farben sind etwa so hell wie im roten Spektrum. Haare werden durchsichtiger.	Sämtliche Oberflächen haben andere Helligkeiten als im sichtbaren Bereich. Je wärmer das Material, desto heller werden die Farben.	Alle Körper leuchten selbst. Bereits Oberflächen mit 30 °C leuchten sehr hell. Je wärmer das Material, desto heller werden die Farben. Tiere leuchten selbst. Bei Menschen leuchten die Gesichter.
Detektoren	Silizium	Spezialdetektoren, teilweise gekühlt [a]	Spezialdetektoren, i.d.R. gekühlt
Optikmaterial der Kameras	normales Glas	Spezialmaterialien	Spezialmaterialien [b]

440–680 nm: Menschliches Sehen. 400–1000 nm: Empfindlichkeit von Silizium.
a) Zur Reduktion von Bild-Rauschen.
b) Eine warme Optik leuchtet selbst.

Das ferne Infrarot-Licht gewinnt für die intelligente Videoanalyse gegenwärtig an Bedeutung, da es gewissermaßen das Sehen der Oberflächentemperaturen ermöglicht. Diese Eigenschaft wird insbesondere von Fahrassistenzsystemen zur Früherkennung von Personen oder Wildtieren am Fahrbahnrand genutzt. Das enorme Marktpotential sorgt für einen weiteren Technologieschub im Hinblick auf Rauschreduktion und die Kompensation von Hintergrundtemperaturen.

3.2.1
Auslesen

Bisher wurde nur von „dem Chip" gesprochen. Es handelt sich bei einem Chip meist um Felder aus lichtempfindlichen Zellen. Während der Belichtungszeit trifft das Licht auf die Zellen und verändert dort Ladungen. Nach Abschluss der Belichtung, bei 25 „frames per second" (fps) entspricht die Belichtungszeit 40 ms pro Frame, werden die Ladungen gemessen und in Grauwerte umgewandelt.

Beim „Charge Coupled Device" (CCD), dem älteren und preiswerteren Chip, wird nun nicht jede Zelle einzeln ausgelesen, sondern es werden alle Zeilen in die Auslesezeile verschoben und erst dort wird Zelle um Zelle ausgelesen. Nachteilig ist, dass während des Auslesens weiteres Licht einfällt und dass überbelichtete Zellen beim Verschieben eine Spur hinterlassen, das so genannte „Blooming". So erzeugen zum Beispiel Autoscheinwerfer im Dunkeln ein deutliches Verschmieren.

Beim CCD werden alle Zellen gleich lang belichtet – und hierin liegt der Hauptnachteil. Bedenkt man, dass Mondlicht nur 0,25 Lux, ein Strand bei Tageslicht dagegen 50 000 Lux erreicht, wird deutlich, was Kameras bezüglich Blenden und Messdauer leisten müssen, um diese Unterschiede auf 3×256 Grauwerte abzubilden. Fährt ein Auto aus einem Tunnel, so sind innerhalb dieser Szene Kontraste von $1 : 10\,000$ zu erwarten.

Beim CMOS-Sensor (Complementary Metal Oxide Semiconductor) dagegen lassen sich die Zellen einzeln auslesen. Wenn beispielsweise bei 40 ms Messdauer ein Bereich komplett überbelichtet ist, wird hier noch einmal mit 20 ms, 10 ms und 5 ms nachgemessen – bis sich die Grauwerte im optimalen Bereich befinden. Sofern die Bereichssteuerung intelligent vorgenommen wird, lassen sich damit auch große Szenenkontraste abbilden.

3.2.2
Interlacing

Bereits seit den Ursprüngen der Fernsehtechnik stellte die Datenflut das Hauptproblem dar. Für eine flüssige Wiedergabe von Bewegungen sind Vollbilder mit 50 fps wünschenswert. Da man jedoch bei den damaligen Fernsehgeräten die Trägheit des menschlichen Auges ausnutzen konnte, benötigte man eine solche Übertragungsrate nicht. Man begann, Bilder zu senden, von denen abwechselnd nur jede 2. Zeile übertragen wurde, also einmal die ungeraden Zeilennummern, dann die geraden. Diese Übertragungsweise wird Interlacing genannt (hier im Beispiel würde sie als „50i" bezeichnet; von englisch: interlace = verflechten). Aus Kompatibilitätsgründen verwenden in Europa auch die meisten Kameras nach den Standards PAL oder SECAM diese Interlacing-Technik.

Heutige Monitore verwenden das Zeilensprungverfahren nicht mehr, auch lässt sich auf diesen „Sägezahn-Bildern" keine Analyse durchführen. Interlace-Bilder müssen also in Vollbilder („progressiv") umgerechnet werden. Hierfür existiert eine Reihe von Deinterlacing-Verfahren, von denen „Bob" das einfachste ist. Bei Bob werden die fehlenden Zwischenzeilen jeweils zur Hälfte aus den oberen und unteren Zeilen des vorherigen Frames zusammengesetzt, man erhält so „50p", 50 Vollbilder pro Sekunde.

Im Gegensatz hierzu verwendet der Standard NTSC 30p-Szenen. Hieraus lassen sich 60p-Szenen errechnen, indem das zeitlich fehlende Bild jeweils durch Mittelung des vorherigen mit dem nachfolgenden Bild errechnet wird.

3.3
Terahertz-Wellen – Sehen zwischen Licht und Radar

Terahertzwellen sind erst seit kurzer Zeit im Fokus der Forschung. Terahertzwellen haben Wellenlängen jenseits des fernen Infrarots, sie liegen aber noch nicht im Mikrowellenbereich. Bei der Aufnahme von Terahertzwellen werden Mikro-Radarsensoren verwendet. Ähnlich wie die Aufnahmechips beim sichtbaren Licht arbeiten sie in Feldern. Durch den Trend zu immer weiterer Miniaturisierung ist mittlerweile eine räumliche Auflösungen im cm-Bereich möglich.

Bei Wellenlängen zwischen 0,03 und 1 mm gelten andere Reflexionseigenschaften als bei Wellenlängen darunter. Terahertzwellen durchdringen problemlos trockene Kleidung und werden erst an der Hautoberfläche reflektiert. Da die schützende Kleidung hier wirkungslos wird, werden zwar auf bequeme Weise Waffen sichtbar, die am Körper verborgen sind, die Person erscheint aber unbekleidet. Man spricht deshalb vom „Nackt-Scanner". Die Bilder von Kameras, die im Terahertzbereich arbeiten, stellen einen tiefen Eingriff in die Intimsphäre der Beobachteten dar. Bereits heute darf der Beobachter keinen Blickkontakt zur gescannten Person haben, so dass die voyeuristischen Einblicke anonym bleiben.

Somit liegt auch der Forschungsschwerpunkt auf der Anonymisierung der Bilder, der Verzerrung der Proportionen, dem Unkenntlichmachen von Gesichtern und der automatischen Erkennung von Waffen. Nach Umfragen wird gegenwärtig die Nutzung von Terahertzwellen als ein bequemes und schnelles Kontrollinstrument auf breiter Basis akzeptiert.

3.4
Motion Tracking

Motion Tracking heißt direkt übersetzt Bewegungsverfolgung. Gemeint ist damit, dass sich durch die beobachtete Szenerie bewegende Objekte bei der Analyse angezeigt werden (Abb. 3.7). Sie haben solche Anzeigen bereits im vorigen Buchkapitel in Form der ins Bild eingezeichneten Rechtecke, Kurven oder sogar Silhouetten um bewegte Objekte kennengelernt.

Wichtig dabei ist, sich zunächst einmal den Unterschied zwischen einfacher Bewegungsdetektion und echter Videoanalyse (Motion Tracking) zu vergegenwärtigen. Betrachten wir die Ansätze im Folgenden.

Abb. 3.7 Beispiel einer Tracking-Anzeige. (Quelle: Object Video).

3.4.1
Allgemeine Bewegungsdetektion

Mechanismen zur Bewegungserkennung sind heute schon in fast allen Netzwerkkameras eingebaut. Hier wird in einem bestimmten Umfang der Bildinhalt auf Veränderungen hin überprüft. Das ist zwar noch keine echte Auswertung – doch da ein bestimmtes Maß an Veränderung bewertet werden kann (z. B. gemessen an der Anzahl zusammenhängender Pixel, also Bildpunkte) sind mit dieser Technik im Innenbereich schon recht zuverlässige „Bewegungsmelder"-Funktionen möglich. Hierbei ist noch keine wirklich nennenswerte Rechenleistung vonnöten und daher ist diese Funktion problemlos in moderne Netzwerkkameras integrierbar.

3.4.2
Erweiterte Bewegungsdetektion

Bildberechnungen für eine erweiterte Bewegungsdetektion setzen schon ein gewisses Maß an „echter" Analyse des Bildinhalts voraus. Der Konfigurationsaufwand ist meist gering oder es ist keiner erforderlich. Erweiterte Bewegungsdetektion dient in erster Linie dazu, ungewöhnliche Veränderungen im Bild von normalen zu unterscheiden. Meist bedient man sich dabei einer Technik, die den Bildinhalt kontinuierlich „lernt" und alles Statische als Hintergrundbild abspeichert. Ist das geschehen, kann das so eingelernte Hintergrundbild mit den Bewegungen im Vordergrund verglichen werden. Auf diese Weise können nun in gewissen Grenzen Bewegungen von Objekten wie Fahrzeugen, Tieren und Menschen von solchen durch Büsche, Bäume, Rasen, Schneeflocken, Schattenschlag oder Regen unterschieden werden, die dadurch entsprechend keine Fehlalarme hervorrufen.

3.4.3
Motion Tracking für allgemeine Aufgaben

Motion Tracking kann in den allermeisten CCTV-Applikationen Anwendung finden. Dazu gehören beispielsweise Algorithmen, die nur unter bestimmten vorgegebenen Variablen alarmieren, wie beispielsweise solche, die nur durch bestimmte Verhaltensmuster ausgelöst werden – etwa durch Fahrzeuge, die länger als drei Minuten an einer definierten Stelle parken, durch Bewegungen in bestimmte „verbotene" Richtungen oder durch die Überschreitung von Geschwindigkeitsgrenzen.

3.4.4
Perspektivisch arbeitendes Motion Tracking

Diese oft mit dem Zusatz „3D" bezeichneten Algorithmen nutzen die Perspektive des Bildes, um detailliertere Informationen aus dem Bildinhalt herauszulesen. Ein solcher Algorithmus kann leichter sich bewegende Objekte auseinanderhalten. Solchermaßen entwickelte Algorithmen können aufgrund der Proportionen, der Bewegungsart und zahlreicher weiterer gelernter Details beispielsweise zwischen Mensch und Fahrzeug unterscheiden. Ist eine solche Unterscheidung erst einmal erfolgt, fällt es dem Systembetreiber leicht, die verschiedenen Meldungen mit unterschiedlichen Aktionsplänen zu hinterlegen.

Alle Objekte, die offensichtlich weder Mensch noch Fahrzeug sind, fallen aus dem Alarmraster heraus. Auf die gleiche Weise kann man den Alarm so einrichten, dass er ausschließlich durch Menschenbewegung ausgelöst wird und jedwede andere Bewegung ignoriert (Abb. 3.8). Das Kaninchen oder das Fahrzeug werden zwar einwandfrei als Bewegung erkannt, die sich vom gelernten Szenario unterscheidet, sie führen jedoch nicht zur Auslösung eines Alarms.

Abb. 3.8 Motion Tracking im Außenbereich. (Quelle: Dallmeier).

Moderne Analysesoftware bietet dem Nutzer die Möglichkeit, unter Zugrundelegung des gleichen Videobildes ganz unterschiedliche Alarmierungen einzustellen. So kann ein und dieselbe Kamera dazu dienen, unzulässige Zaunüberschreitungen durch Personen zu melden, gleichzeitig aber auch die Feuerwehrzufahrt überwachen und zu lange parkende Fahrzeuge dem Wachmann melden. Solche Algorithmen finden ihre Anwendung natürlich meistens im Außenbereich und benötigen je nach Aufgabenstellung und Umgebung in jedem Falle ein gehöriges Maß an Rechenleistung, die derzeit nicht in Kameras zur Verfügung gestellt werden kann.

Natürlich ist die Kameramontage von essentieller Bedeutung. Schneeflocken oder Regentropfen, die frontal auf die Linse treffen oder großflächig direkt beleuchtete Schneeflocken können zu Auslösungen führen. Bei konfigurationsfreien Algorithmen muss man sich auch darüber im Klaren sein, dass Vögel oder Wild ebenfalls vom gelernten Hintergrund deutlich unterschieden werden und daher eine Meldung auslösen können. Solche Algorithmen benötigen aber in jedem Falle schon eine gewisse Rechenleistung und finden daher derzeit meist auf PC-basierten Systemen ihren Einsatz.

Eine der herausragenden Besonderheiten des Motion Tracking ist die Richtungserkennung. Dank der eingesetzten Algorithmen ist es möglich, bewegten Objekten eine Richtungsabhängigkeit (Abb. 3.9) zuzuordnen und diese im Archiv wiederzufinden (Beispiel: „Suche alle Personen, die zwischen 10 Uhr und 11 Uhr von links nach rechts durch das Bild gegangen sind"). Ebenso denkbar ist der Einsatz als antizipierende Lösung: „Die Person wird in wenigen Sekunden den Zaun erreichen", da sie bereits mehrere Meter in Richtung des Zaunes zurückgelegt hat. Bei einigermaßen großen Übersichtsfeldern und etwa konstanten Bewegungen kann auch eine ungefähre Geschwindigkeitsermittlung erfolgen.

Motion Tracking erlebt derzeit die am rasantesten fortschreitende Entwicklung. Immer mehr Objekte können innerhalb eines einzigen Videobildes „ge-

Abb. 3.9 Motion Tracking mit Richtungserkennung. (Quelle: AxxonSoft).

trackt", also verfolgt werden. Entsprechende Algorithmen vorausgesetzt, werden nicht nur Richtungserkennung, sondern auch Antizipation oder Geschwindigkeitsermittlung immer besser möglich. Objekte, die gut voneinander getrennt werden können, können mit recht hoher Genauigkeit gezählt werden, womit wir zum nächsten Abschnitt überleiten können.

3.4.5
Motion Tracking mit verschiedenen Kamerawinkeln

Bei dem bereits vorgestellten perspektivisch arbeitenden Motion Tracking kann durch die Entfernungsabschätzung eine so genannte Klassifikation erfolgen. Ein Objekt in halber Bildhöhe ist nur noch halb so groß wie am unteren Bildschirmrand, es handelt sich aber möglicherweise dennoch um dasselbe Objekt (Abb. 3.10). Wir kennen die perspektivische Verzerrung vom Betrachten von parallelen Bahngleisen, die sich scheinbar am Horizont verbinden.

Für Zählungen ist die ideale Kamera die Überkopfkamera (Abb. 3.11). Diese wird mit Blick nach unten montiert. Damit wird die Gefahr, dass Objekte sich innerhalb des Bildausschnittes überschneiden, stark reduziert und das Zählergebnis verbessert.

Das Motion Tracking hat folgende Einsatzgebiete:
- **Klassifikation**. Verschiedene Objekte werden durch die Anwendung von Algorithmen unterschieden.
- **Perimeterschutz**. Sicherheit im Außenbereich, wo normalerweise wenig bis keine Bewegung stattfindet. Wichtig ist, dass der Algorithmus zuverlässig Wettereinflüsse erkennt und richtig bewertet, idealerweise das Wetter also keinen Einfluss hat. Beispiele sind Parkraumüberwachung, Zaunüberwachung, Überwachung von Werksgeländen, der Peripherie und andere Außenbereiche.
- **Zählungen**. Zum Beispiel im Verkehrs- und im Sicherheitsbereich oder im Einzelhandel. Näheres dazu finden Sie im Kapitel 4.

3.4 Motion Tracking | 43

Abb. 3.10 Person im Vordergrund und gleich große Person in halber Bildhöhe nehmen durch die perspektivische Betrachtung unterschiedlich viel „Platz" auf dem Bild ein. (Quelle: Fraport).

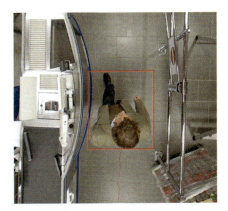

Abb. 3.11 Überkopfmontierte Kameras eignen sich ideal für Zählungen. (Quelle: AxxonSoft).

3.4.6
Derzeitige Grenzen und Weiterentwicklung

Alle Systeme haben Grenzen. Auch die Videoanalyse ist nicht immer das Allheilmittel. Stabil montierte Kameras, gute Beleuchtung und Wetterschutzgehäuse spielen seit eh und je eine wichtige Rolle. Soll eine Bildanalyse gemacht werden, spielen sie vielleicht eine noch wichtigere. Grenzen setzt oft in der konkreten Anwendung die Kombination zwischen dem Kundenwunsch (etwa ein bestimmter Alarm) und den jeweiligen Bedingungen (möglicherweise eine strikt vorgegebene Kameraposition).

Derzeit läuft die Entwicklung des Motion Tracking immer mehr in Richtung Tracking bei belebter Umgebung. Je belebter eine Videosequenz ist, desto höher ist der Rechenaufwand, um dem einzelnen Objekt zu folgen. Dank der täglich besser werdenden Rechenleistung können wir in den nächsten Jahren hier noch einige Entwicklungssprünge erwarten. Doch schon heute können Algorithmen äußerst effektiv eingesetzt werden.

3.5
Klassifikation

3.5.1
Objektklassifikation

Unter Klassifikation versteht man bei der Videoanalyse eine Einteilung der detektierten Objekte in „Klassen". Dabei wird anhand bestimmter Merkmale zunächst eine Unterscheidung zwischen den Objekten gemacht und die Objekte werden schließlich anhand der verschiedenen Merkmale in Klassen eingeteilt. Heute am Markt erhältliche Algorithmen können beispielsweise die Klassen „Fahrzeuge", „Personen" und „sonstige Objekte" unterscheiden (Abb. 3.12).

Für die Klassifizierung benötigt man einige Grundvoraussetzungen. Will man Fahrzeuge von Personen über die gesamte dargestellte Szenerie unterscheiden, muss dem System die Dimension des Bildausschnittes sowie der Blickwinkel

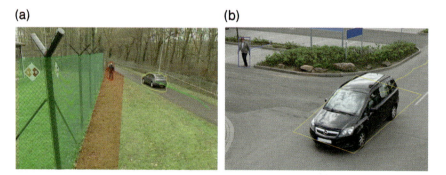

Abb. 3.12 a: Unterscheidung zwischen KFZ (gelb umrandet) und Mensch. Der Mensch löst einen Alarm aus (zu nahe am Zaun) und wird rot markiert. (Quelle: Bosch). b: Keine Alarmsituation. Die Anzeige weist lediglich auf ein Fahrzeug (gelb umrandet) sowie auf eine Person hin (blau umrandet). In beiden Bildern zeigen Trackinglinien, von wo das Objekt kam.

mitgeteilt werden. Erste Systeme sind in Entwicklung, die versuchen, anhand bekannter Objektgrößen diese Daten selbst zu errechnen. Damit entfiele der oft nicht unerhebliche Aufwand des Kalibrierens, d.h. das Einstellen und Anpassen des Systems an die äußeren Gegebenheiten und deren Parameter (Höhe und Blickwinkel der Kamera, Entfernungen etc.).

Wie weiß man nun, ob ein System mit Klassifikation arbeitet? Nicht selten geben Hersteller an, sie könnten „große" von „kleinen" Objekten unterscheiden. Hier muss der Anwender zunächst feststellen, ob er ein System mit der Fähigkeit zur Klassifikation vor sich hat, oder ob das System lediglich in der Lage ist, größere von kleineren Bildausschnitten zu unterscheiden. Ob ein System eine echte Klassifizierung vornimmt, kann einfach überprüft werden. Benötigt wird eine Kamera, die ein Bild zeigt, bei dem der Vordergrund recht nah und der Hintergrund weit entfernt ist. Ein Objekt, das etwa im oberen Drittel des Bildes zu sehen ist, wird im Monitorabbild mit nur ein paar Pixeln dargestellt, im unteren Bildabschnitt jedoch recht groß dargestellt (Abb. 3.13).

Kann das vorliegende System nun ein „großes" Fahrzeug im oberen Bildabschnitt von einem „kleinen" Menschen im Vordergrund unterscheiden? Wenn ja, verfügt das System über Objektklassifizierung und der Systemanbieter sollte Ihnen mitteilen, wie das System dazu eingestellt werden muss. Sind für das System das Fahrzeug im oberen Bildabschnitt und der Mensch im unteren Bildabschnitt gleich groß, kann es keine Unterscheidung vornehmen und ist somit auch kein System, welches Objektklassifizierung vornimmt. Um das System im gesamten Bildbereich zuverlässig arbeiten zu lassen, muss zwangsläufig die perspektivische Berechnung mit herangezogen werden. Lassen Sie sich an einem solchen Beispiel erläutern, wie das System arbeitet!

Abb. 3.13 Veränderung der Abbildungsgröße durch Perspektive.

3.5.2
Klassifikation von Fahrzeugen

Eines der aktuellen Forschungsfelder mit ersten praxistauglichen Resultaten ist die Erkennung verschiedener Fahrzeugtypen: Motorrad, PKW, LKW, Bus. Hier gibt es zwei Lösungsansätze. Zum einen versucht man, perspektivische Betrachtungsweisen zu vermeiden und stattdessen die Kamera so zu platzieren, dass die zu erkennenden Fahrzeugtypen „auf einer Linie" durch das Bild fahren. So fällt der zusätzliche perspektivische Berechnungsaufwand weg und man positioniert die Kamera so, dass man möglichst viele Unterscheidungsmerkmale der Fahrzeugtypen erkennen kann. Krafträder lassen sich von PKW und LKW meist schon aufgrund der Größe unterscheiden. Schwieriger zu analysieren ist der Unterschied zwischen Bus und LKW. Auch unterschiedliche Geschwindigkeiten und dicht aufeinanderfolgende Fahrzeuge machen den Algorithmen noch „das Leben" schwer. Je nach konkreter Anwendung sind mehr oder minder brauchbare Ergebnisse bereits ohne perspektivische Berechnung zu erzielen.

Im zweiten Ansatz wird die Perspektive mit einbezogen (Abschnitt 3.5.1). Dabei muss die zu beobachtende Szene durch den Anwender kalibriert werden. Danach kann das System aufgrund der Größe die Fahrzeuge in Klassen einteilen. Der Rechenaufwand ist in diesem zweiten Falle deutlich größer als im ersten Lösungsansatz, aber manches Mal wegen der nicht veränderbaren Kamerapositionen der einzig gangbare Weg.

In erster Linie werden solche Verfahren naturgemäß im Verkehrsbereich verwendet. Auf besonders stark belasteten Autobahnen wird die Analyse schon seit einigen Jahren eingesetzt, um Standspuren temporär für den Verkehr freizugeben. Detektierte Pannenfahrzeuge können eine automatische Sperrung des Standstreifens auslösen, um den Verkehrsteilnehmern einen höheren Verkehrsdurchfluss bei gleichzeitig gewährleisteter Sicherheit zu bieten.

Aber auch die Statistik kann weiterhelfen: Über Monate und Jahre gesammelte Daten des Verkehrsaufkommens (Abb. 3.14) bestimmter Straßen an verschiedenen Tagen und zu unterschiedlichen Uhrzeiten können helfen, den Verkehr zu bestimmten Zeiten anders zu regeln. Dies wird heute schon in einigen wenigen Pilotprojekten umgesetzt.

3.5.3
Klassifikation von Lebewesen

Die große nächste Herausforderung im Bereich der Videoanalyse beschäftigt sich mit der genaueren Analyse der erkannten Lebewesen. Dabei geht es nicht nur um den Unterschied Mensch–Kaninchen. Neueste Forschungen erzielen jetzt sogar erste Ergebnisse im Bereich der Alters- und Geschlechtserkennung bei Menschen. Für den Sicherheitsbereich weniger relevant, sind solche Unterschiede indes im Bereich Marktforschung der Einzel- und Großhändler von enormem Interesse.

3.5 Klassifikation | 47

Abb. 3.14 Verkehrszählung. (Quelle: AxxonSoft).

Abb. 3.15 Laufwege in einem Shop, summiert und grafisch dargestellt.

Für Einzelhändler steht das Kundenverhalten an erster Stelle, wenn man sich um die Sortierung seines Sortimentes kümmern möchte. Sind Laufwege und geschlechtsspezifische Verhaltensweisen im Markt bekannt, können die Läden entsprechend gestaltet und die Platzierung der Waren abgestimmt werden. Laufwege werden heute schon vielerorts durch den Einsatz von Videoanalyse festgestellt (Abb. 3.15).

Wenngleich der Datenschutz bei der Auswertung von Videobildern und in erster Linie bei der möglichen Erkennung von Personen (Identifizierung) greifen muss, sind im Bereich Marketing die zu erzielenden Resultate zu verlockend, als dass nicht jeder Shopbetreiber über die Möglichkeiten der Videoanalyse nachdenken wird. Eine Lösung kann aber auch hier die Videoanalyse bieten. So genannte „Face Finder", also Algorithmen, die Gesichter in einem Bild erkennen können, können gleichzeitig diese Gesichter durch einfaches Ver-

Abb. 3.16 Automatisches Auffinden von Gesichtern und Unkenntlichmachen. (Quelle: AxxonSoft).

pixeln wieder unkenntlich machen (Abb. 3.16). Somit ist gewährleistet, dass man auf der einen Seite die Kamera in die bestmögliche Position bringen kann, auf der anderen Seite aber den Datenschutzgesetzen Rechnung trägt.

3.6
Perimeterschutz

Im Bereich der Sicherheit ist der Perimeterschutz meist der wichtigste Punkt, sich eingehender mit der Videoanalyse zu beschäftigen. Beachten Sie aber: Die sorgfältige Planung der Gesamtabsicherung eines Geländes kann und soll nicht Zweck dieses Kapitels sein. Dazu gibt es ausreichend Fachliteratur, auch Workshops und Schulungen werden regelmäßig angeboten. In diesem Abschnitt muss es darum gehen, wie und wo in einem Gesamtkonzept die Videoanalyse sinnvoll mit eingeplant werden kann.

3.6.1
Einteilung der Schutzzonen

Ob großes Fabrikgelände oder einzelnes, freistehendes Gebäude: Die Anforderung an eine Absicherung des Geländes kann sehr hoch sein. Dabei werden die zu überwachenden Abschnitte traditionell eingeteilt (Abb. 3.17) in:
1. Perimeter (Außen- bzw. Grundstücksgrenzen)
2. Außenhaut (Gebäudegrenzen, besondere Überwachung erfahren Fenster und Türen)
3. Innenbereich 1
4. Innenbereich 2

3.6 Perimeterschutz | 49

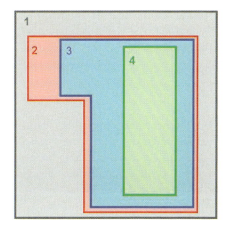

Abb. 3.17 Einteilung der zu überwachenden Abschnitte eines Gebäudes. 1 (grau): Perimeter. 2 (rot): Außenhaut. 3 (blau): Innenbereich 1 (Gebäudeflächen, allgemein zugänglich). 4 (grün): Innenbereich 2 (Gebäudeflächen, nicht jedermann zugänglich).

Der Innenbereich 2 ist dabei sicherlich der wichtigste zu überwachende Bereich, denn hier finden sich nicht nur Mitarbeiter, Zugänge und Technik. Hier werden auch Betriebsgeheimnisse verwahrt und Forschung und Entwicklung wollen gut vor neugierigen Augen versteckt sein. Trotzdem wird im Innenbereich 2 meist nur wenig mit Videoüberwachung gearbeitet und wenn, dann nur an ganz speziellen, neuralgischen Punkten. Der Innenbereich 2 ist jedoch technisch betrachtet auch der am einfachsten zu überwachende Bereich. Je weiter innen im Gebäude, desto unwahrscheinlicher sind die der Videoanalyse abträglichen Einflüsse: Wind, Wetter, Wolken, Sonne und Schatten sind hier immer seltener zu finden und machen der Videoanalyse „das Leben" deutlich leichter. Traditionsgemäß wird im Innenbereich daher auch meist komplett auf Analyse verzichtet und stattdessen sehr häufig mit dem einfachen Bewegungsdetektor gearbeitet. Diese Maßnahme ist in vielen Fällen durchaus ausreichend.

Der Innenbereich 1 beinhaltet meist Räumlichkeiten, in denen Besucher beispielsweise zu einem Meeting mit einem Firmenmitarbeiter unterwegs sein können. Firmenfremde sind also im Gebäude, jedoch stets „unter Aufsicht". Im Gegensatz dazu können die Flächen zwischen Außenhaut und Innenbereich (in Abb. 3.17 rot) nicht selten von jedem Besucher betreten werden, z. B. der Bereich von der Eingangstüre bis zum Empfang. Häufig werden schon für diesen Bereich Zutrittskontrollsysteme eingesetzt.

Meist ist der Innenbereich 2 von den äußeren Verhältnissen her recht unempfindlich. Dies gilt aber nicht mehr für Räume, die direkt an den Außenbereich angrenzen (Innenbereich 1). Ob Eingangsbereich oder ein einfaches Fenster: einfallendes Licht spielt hier nun eine wesentliche Rolle. Einfache Bewegungsdetektoren wären schlicht überfordert bzw. brächten bei jeder kleinen Wolke einen entsprechenden „Bewegungsalarm". Derlei Alarme sind selbstverständlich unerwünscht, so dass man für solche Räumlichkeiten – ebenso wie für Innenbereiche mit „Glaskontakt" zur Außenwelt, wie Galerien oder Innenhöfe – wieder auf einen stabilen Außensensor setzen sollte.

3.6.2
Die Objekterkennung

Immer wieder hört man im Rahmen von Sicherheitsmaßnahmen den Begriff „Prävention" – Vorbeugung. Man möchte im Rahmen der technischen und finanziellen Möglichkeiten also so weit wie möglich dem Schadensfall vorbeugen. Für die Überwachung des Bereiches zwischen Grundstücksgrenzen bis zur Außenhaut des Gebäudes ist Videoanalyse heute ein wertvolles Hilfsmittel und kommt immer häufiger zum Einsatz.

Wichtigster Punkt dabei ist die Meldung möglicher Eindringlinge mit möglichst wenig Einsatz von technischem Gerät. Benötigt werden dazu Kameras, die oft für die Außenüberwachung bereits vorhanden sind. Hier kann die Objekterkennung von herausragender Bedeutung sein. Dank stets verbesserter Robustheit der Videoanalyse speziell gegen Witterungseinflüsse kann eine Kamera, die den Bereich zwischen Grundstücksgrenzen und Außenhaut überwacht, schon frühzeitig Bewegungen von Objekten melden.

Objekterkennung ist eine der wichtigsten Möglichkeiten, die die Videoanalyse für diesen Bereich bietet. Dabei kann je nach eingesetztem Produkt noch weiter unterschieden werden: Wir haben schon die Unterscheidung zwischen Mensch, Fahrzeug und anderen Objekten erwähnt. Es kann sich auszahlen, wenn objektorientiert alarmiert werden kann: Ein des Nachts detektierter Mensch sollte die höchste Aufmerksamkeit beim Wachmann hervorrufen, bis hin zur Sofortweiterleitung des Alarmes zur Polizei. Ein Fahrzeug, das erkannt wird, könnte wiederum ein ganz anderes Alarmszenario starten.

Fast noch wichtiger als eine zuverlässige Detektion ist bei jedweder Art von Objekterkennung das Werkzeug, das der Hersteller der Videoanalyse dem Kunden zur Alarmauslösung an die Hand gibt. Grund genug, einen genaueren Blick auf diese Möglichkeiten zu werfen.

3.6.3
Werkzeuge zur Alarmauslösung

Das Analysesystem kann also nun Objekte melden. Wie aber tut es das? Und wann? Und unter welchen Bedingungen?

Damit eine sinnvolle Alarmierung möglich ist, sollte zunächst einmal jedem System eine Kalender- und Timerfunktion zur Verfügung stehen, damit Alarmierungen an bestimmten Tagen und zu bestimmten Zeiten erfolgen können. Funktionell noch wichtiger sind aber die so genannten Auslöser, oft auch mit dem englischen Wort „Trigger" bezeichnet.

Damit gemeint sind in das Bild einzuzeichnende Linien oder Felder. Da die Analyse die Objekte recht genau innerhalb des Bildes verfolgen, also „tracken"

Abb. 3.18 Auslösung des Alarms: Übertretung des virtuellen Zauns (rote Linie). (Quelle: AxxonSoft).

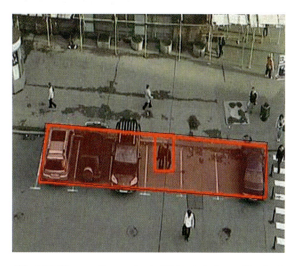

Abb. 3.19 Alarmauslösung durch Flächenbetretung. (Quelle: AxxonSoft).

kann (siehe Kapitel „Motion Tracking"), können beliebige Grenzen in das Bild hineingelegt werden und dienen so als virtueller Zaun (Abb. 3.18). Wird dieser virtuelle Zaun übertreten, können weitere Aktionen ausgelöst werden, wie z. B. Alarm, Start der Alarmaufzeichnung, Senden der Information an andere Stellen usw.

Nicht nur der elektronische oder virtuelle Zaun bildet eine Möglichkeit der Alarmauslösung. Häufig gibt es die Möglichkeit der Flächendetektion (Abb. 3.19).

Die definierte Alarmfläche kann auf unterschiedliche Weisen genutzt werden: Wenn ein Objekt **in** die Alarmfläche eindringt, wenn ein Objekt sich **aus** der Alarmfläche heraus bewegt (Überwachung von Neufahrzeugen, Baustellenfahrzeuge etc.) oder wenn ein Objekt in der Alarmfläche zum Stillstand kommt (parkende Fahrzeuge). Die letztgenannte spezielle Anwendung hat den Vorteil, bei Objekten, die sich lediglich durch die Alarmfläche hindurch bewegen, also ein- und gleich wieder austreten, keine Alarmierung hervorzurufen.

Oft kann hier sogar noch die Richtungsabhängigkeit mit ins Spiel kommen. Alarme werden so definiert, dass sie nur dann ausgelöst werden, wenn das Objekt in einer bestimmten Richtung den virtuellen Zaun überquert oder die Fläche durchschreitet. Selbst Verknüpfungen sind häufig möglich: „Nur wenn das Objekt zunächst Linie 1 in Richtung Gebäude übertritt **und** dann Alarmfläche 2 betritt, löse Alarm aus." Es sollte stets überprüft werden, welche Möglichkeiten die ausgewählte Videoanalyse wirklich bietet.

3.6.4
Regeln und Makros

Mit so genannten Regeln oder Makros geben die Anbieter von Videoanalysesystemen dem Anwender sehr leistungsfähige Werkzeuge an die Hand. Diese Hilfsmittel lassen es zu, Auslöser, Zeit und auszuführende Aktionen zu verknüpfen. Zwei Beispiele sollen dies verdeutlichen.

Beispiel 1: Ein virtueller Zaun wird angelegt, der nur in einer Richtung – vom Gebäude weg – überschritten werden darf. Es wird ein Zeitplan festgelegt, so dass der virtuelle Zaun Montag bis Freitag von 0 Uhr bis 7 Uhr, 18 Uhr bis 0 Uhr, sowie samstags und sonntags ganztägig aktiv ist. Zusätzlich wird eine Alarmierung eingerichtet, die werktags dem Pförtner lokal einen Live-Bild-Alarm aufschaltet und am Wochenende eine Alarmmeldung an einen externen Dienstleister übermittelt. Die Bausteine können mittels Regeln oder Makros miteinander verknüpft werden. Eine Alarmierung erfolgt in unserem Beispiel also montags bis freitags zum Pförtner, sobald außerhalb der Geschäftszeiten jemand Richtung Gebäude läuft. Der gleiche Alarm wird allerdings am Wochenende zu einer externen Wach- und Schließgesellschaft weitergeleitet, die passende Maßnahmen ergreifen kann.

Beispiel 2: Vor dem Gebäude wird ein freier Platz gerne als Parkplatz benutzt. Diese Fläche muss jedoch stets frei bleiben, da es sich um eine Feuerwehrzufahrt handelt. Wir gehen wie folgt vor: Die in Frage kommende Fläche wird als Alarmfläche eingezeichnet. Sie ist zeitunabhängig, also rund um die Uhr aktiv. Allerdings soll vermieden werden, dass Fußgänger einen Alarm auslösen und auch Fahrzeuge, die die Fläche nur durchfahren, z. B. um zu wenden oder um den Parkplatz auf der Rückseite des Geländes anzusteuern, sollen keinen Alarm hervorrufen. Der Alarm soll in diesem Falle nur dann ausgelöst werden, wenn ein Fahrzeug und demnach keine Person oder eine nächtlich herumstreunende Katze in dieser Fläche verbleibt. Mit dem Werkzeug der Klassifizierung kann – im Vergleich zur normalen Bewegungsdetektion – nicht nur eine

Vielzahl von Fehlalarmen vermieden werden, eine Alarmierung wird durch die Unterscheidung überhaupt erst möglich gemacht. Die normale Bewegungsdetektion bietet keine Klassifizierung als „stehenbleibendes Objekt" oder „startendes Objekt". Die neuen Analysemöglichkeiten, verknüpft mit leistungsfähigen Regeln bzw. Makros, sind für den Nutzer mächtige Werkzeuge, mit denen auch spezielle Anforderungen gelöst werden können.

3.7
Gesichtsdetektion – auf die richtige Größe kommt es an

Gesichter können in der Menge mit Hilfe so genannter Templates gefunden werden. Diese Mustergesichter liegen in verschiedenen Größen vor und werden „über die Szene geschoben" bis eine Übereinstimmung gefunden wird. Da die Gesichter in der Regel als Frontalaufnahmen trainiert wurden, sollte auch die Kamera von vorn auf die Menge blicken. Aus Gründen des Rechenaufwands können nur bestimmte Gesichtsgrößen gefunden werden. Personen werden also nur in einem bestimmten Abstand zur Kamera entdeckt.

3.8
Gesichtserkennung – Auflösung ist alles

Wie bereits im Kapitel „Algorithmen" erläutert, benötigt man für die Gesichtserkennung im Einsatz als Zugangskontrolle eine Auflösung von mindestens 200×300 Pixeln. Zudem muss die Kamera frontal in das zu identifizierende Gesicht blicken. Eine ausgewogene Beleuchtung ohne Schlagschatten sowie ein ruhiger Hintergrund erleichtern die Identifikation wesentlich. Ohne weitere Identifikationsmittel sollte der Personenkreis unter 2000 Personen liegen.

3.9
Branderkennung – Kontrast muss sein

Insbesondere die schnelle und sichere Erkennung von Rauch und Ansatz von Feuer wird heute stark nachgefragt. Mit solchen Algorithmen können Wachleute schon frühzeitig auf einen möglichen Vorfall aufmerksam gemacht werden und bereits während der Rauch- bzw. Feuerbildung (Abb. 3.20) Maßnahmen ergreifen. Bei geeigneten Algorithmen ist nicht nur eine zuverlässige, sondern auch eine frühzeitige Detektion möglich.

Vorteil dieser Art von Brand- und Rauchdetektion ist, dass die Kamera nicht unbedingt direkt oberhalb des Brandherdes angebracht sein muss wie ein herkömmlicher Rauchmelder, sondern im Gegenteil einen wesentlich größeren Bereich abdecken kann. Herkömmliche Brandmelder sind oft nur auf bestimmte chemische Zusammensetzungen kalibriert, eine optische Detektion funktioniert

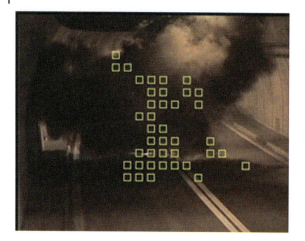

Abb. 3.20 Branderkennung im Tunnel. (Quelle: Fastcom).

dagegen unabhängig von der Entstehungsursache. Die Kombination von Sensor und Kamera in einem Gerät bietet dem Wachmann sofort einen Einblick in das gemeldete Szenario, ohne sich erst lange auf die Suche nach dem richtigen Kamerabild machen zu müssen. Die kombinierte Analytik bietet daher nicht nur eine wirksame Detektion, sondern durch die visuelle Darstellung gleichzeitig auch die Vermeidung von unnötigen Einsätzen bei Fehldetektionen.

In Innenräumen lässt sich Rauch relativ gut erkennen. Fixpunkte wie Kanten und Leuchten werden permanent beobachtet. ändert sich der Kontrast, so besteht eine hohe Wahrscheinlichkeit, dass Rauch vorhanden ist. Nicht jede Art von Rauch ist allerdings optisch erkennbar. Problematisch sind auch Situationen, in denen Zugluft die Rauchmenge niedrig hält. Im Freien oder in Tunneln ist Luftbewegung sogar eher die Regel als die Ausnahme. Hier kann der Rauch schnell verteilt oder abgedrängt werden. Am Tunnelmund schleppen Fahrzeuge häufig Regenspuren hinter sich her, so dass unscharf erscheinende Rücklichter zur Branderkennung hier nicht aussagekräftig sind. Manche Fahrzeuge haben konzentrierte Abgasfahnen, die wie der Rauch eines Brandes wirken können. Bei der Waldbranderkennung müssen Staubfahnen und Wolken von Rauch unterschieden werden. Der Problemkatalog zeigt, mit welchen Schwierigkeiten sich die Verfahren auseinander zu setzen haben.

Dennoch kann der mittlere Alarmierungszeitraum bei der Videoanalyse um bis zu 10× kürzer sein als bei Wärmedetektoren. Video überdeckt zudem eine große Beobachtungsfläche. So lässt sich zusammenfassen, dass die Branderkennung per Video zwar nicht fehlerfrei gewährleistet werden kann, sich angesichts der Wirtschaftlichkeit jedoch immer weiter durchsetzt.

3.10
Zählung

3.10.1
Gründe für das Zählen

Ob an Straßen, in kleinen Dörfern mit hohem Verkehrsaufkommen oder in einem Einkaufszentrum: Nicht selten begegnen wir Menschen, die Zählungen durchführen. Meistens zählen sie Fahrzeuge oder Personen. Aber auch im öffentlichen Nahverkehr wird gezählt: „Wie viele Personen haben heute schon ein Ticket gelöst?" „Wie viele sind mit der Linie 21 stadteinwärts gefahren?" Auch Transportunternehmen interessieren sich für Zahlen: „Wie viele Leute sind heute schon in den Bahnhof gekommen? Und wie viele davon sind überhaupt Zug gefahren?" Manche haben vielleicht nur den Schnellimbiss genutzt oder Fahrkarten für morgen gekauft. „Wie viele Menschen sind bereits auf die Fähre gelaufen? Und wie viele Fahrzeuge befinden sich schon darauf?" Beispiel Vergnügungsparks: „Wie viele Menschen stehen an der neuen Attraktion? Wie lange muss man warten, wenn man sich am Ende der Schlange einreiht?"

Beliebig könnte man diese Auf**zählung** – eine weiter **Zählung** – fortführen. Man sieht, dass es mehr als einen guten Grund gibt, Zahlen für Statistiken zur Verfügung zu haben. Und bei nicht wenigen Anliegen kann die Videoanalyse ein zuverlässiger Helfer sein.

3.10.2
Personenzählung

Zunächst einmal muss man sich über den Grund der Zählung im Klaren sein. Denn davon hängt entscheidend ab, wie man bei der Projektierung vorgeht. Wie später zu lesen sein wird, ist außerdem von essenzieller Bedeutung, welche Genauigkeit erzielt werden muss.

Will man exakte Zahlen, muss man äußerst exakt auf die Kamerapositionen und die äußeren Gegebenheiten eingehen. Je besser das Ideal zum Zählen angenähert werden kann (Kamera zeigt nach unten, stetige, gleichmäßige Beleuchtung ohne äußere Lichtreflexe, Menschen laufen nicht gedrängt), desto genauer wird das Ergebnis der analysegestützten Zählung sein. Weichen ein oder mehrere Parameter davon ab, werden die Resultate ungenauer: Lichtreflexe von außen (z. B. hervorgerufen durch Schatten von Eingangstüren, die sich öffnen und schließen, Schatten von Personen, die an der Türe vorbeigehen etc.) können die Analyse in höchstem Maße beeinflussen und unbrauchbar machen. Was problematisch ist, ist die Tatsache, dass besonders häufig und gerne an Türen und Eingängen gezählt werden soll, die direkten Kontakt ins Freie haben. Bei Schleusensituationen kann man bequem auf Kameras im inneren Bereich zurückgreifen, leider ist dies eher selten der Fall.

3.10.2.1 Überkopfzählung

Bei der Überkopfzählung handelt es sich um die genaueste Möglichkeit zur Personenzählung. Eine Kamera wird dabei meist mindestens drei Meter über der Zählstelle montiert und schaut dann unter sich (die Kamera ist unmittelbar über dem Kopf). Der Algorithmus benötigt lediglich wenige Frames (also Einzelbilder) Vorlauf, um eine Person zu detektieren und beim Überqueren einer virtuellen Linie zu zählen. Geschickt ist es, die Zähllinie genau in die Mitte des Bildes zu legen, denn dann hat die Videoanalyse, egal aus welcher Richtung die zu zählende Person auf die Linie zuläuft, den meisten Vorlauf zum Erfassen und Tracken.

Die am Markt erhältlichen Produkte arbeiten dabei recht bedienerfreundlich: Meist ist es nur erforderlich, eine Linie in das Bild einzuzeichnen, woraufhin der Algorithmus bereits mit dem Zählen anfängt (Abb. 3.21). Das Ergebnis erscheint sofort auf dem Bildschirm. Die Verwendung neuester Technologien erlaubt es sogar, die Bewegungen aller erfassten Objekte zeitabhängig zu speichern. Auf diese Weise kann man sogar „in der Vergangenheit" zählen. Man legt eine Linie über ein aufgezeichnetes Bild und befragt die Datenbank, die im Hintergrund alle Bewegungen erfasst hat, wie viele Objekte in einem definierten Zeitraum über die gerade erst gezeichnete Linie gelaufen sind.

Insbesondere beim Zugang auf Fähren oder in Vergnügungsparks wünscht man sich eine besonders akkurate Zählung, die aber gerade dort im Außenbereich meist unter weniger günstigen Bedingungen stattfinden muss. Daher ist die analysegestützte Zählung an solchen Orten noch nicht sehr verbreitet. In Einkaufszentren und größeren Shops, im Zugangsbereich von Bahnhöfen und Parkplätzen sowie beim Zugang zum Wartebereich an Flughäfen wird dagegen schon häufiger die Überkopfzählung eingesetzt.

Abb. 3.21 Zählung im Eingangsbereich mit Live-Zählung (oben rechts im Bild).

3.10.2.2 Zählungen mit herkömmlich montierten Kameras

Die Zählung mit Kameras, die normal montiert wurden – normal bedeutet wie im Sicherheitsbereich üblich schräg nach unten schauend – können naturgemäß nicht die Genauigkeit einer überkopfmontierten Kamera erreichen. Das ist aber auch nicht immer nötig. Im Einzelhandel gibt es Fälle, bei denen die Genauigkeit eine eher untergeordnete Rolle spielt. Was aber spielt die große Rolle? Der Betreiber des Ladens ist sehr häufig daran interessiert, die ungefähren Laufwege seiner Kundschaft kennenzulernen. Dann ist er in der Lage, Produkte, die er für besonders interessant hält, dort zu platzieren, wo auch genügend Menschen vorbeikommen.

Beispiel: Nach dem Einsatz der Videoanalyse über eine Dauer von vier Wochen weiß der Besitzer des Modeladens: Über 2/3 der Besucher laufen durch Gang B, während Gang A und Gang C nur zu 10% bzw. zu 20% besucht werden. Nun kann er – je nach Wahl und Bedarf – die Aktionsware oder besonders teure Ware so platzieren, dass sie von der Mehrzahl der Besucher auch gesehen wird. Warum funktioniert dies auch mit „normal" montierten Kameras? Es ist in unserem Falle nicht von entscheidender Bedeutung, ob in Gang A 100 Personen, in Gang B 690 Personen und in Gang C 200 Personen gezählt wurden. Wichtig ist die Information, dass in Gang B siebenmal so viele Menschen waren wie in Gang A und in Gang C doppelt so viele wie in Gang A. Die Fehler der absoluten Zahlen sind wahrscheinlich beträchtlich, aber sie werden sich über alle Gänge verteilen, so dass die Verhältnisse stimmen. Bei dieser Betrachtungsweise spielt es eine untergeordnete Rolle, ob tatsächlich täglich 600, 700 oder 800 Personen im Laden waren.

3.10.3 Sonstige Zählungen

Insbesondere im Verkehrsbereich wird derzeit noch viel gezählt. Mit den Möglichkeiten, die die Videoanalyse bietet, sind dabei schon brauchbare Ergebnisse auf Autobahnen und in Ortsdurchfahrten möglich, die richtige Kameraposition vorausgesetzt. Tipps können hier kaum im Einzelnen gegeben werden, denn die marktreifen Lösungen unterscheiden sich recht stark, was bei jedem Projekt wieder zu anders gearteten, besten Kamerapositionen führen kann.

Zukünftig bieten sich dank stetig steigender Rechenleistung weitere Einsatzmöglichkeiten. Derzeit finden einige Teststellungen im Bereich von Kreisverkehren statt, die immer häufiger in Stadt und Land errichtet werden. Durch Messungen der Ein- und Ausfahrten in einen Kreisel kann das Verkehrsaufkommen sehr genau analysiert werden und die Ergebnisse können für zukünftige Stadt- und Straßenplanungen herangezogen werden.

4
Praxisbeispiele aus vier Anwendungsbereichen

Die Anwendungsgebiete für Intelligente Videoanalyse sind so vielfältig wie ihre Kunden. Und das Schöne ist: Wenn man sich mit dieser Thematik beschäftigt, entdeckt man schier unbegrenzte Möglichkeiten und immer interessantere Lösungsansätze, die den Menschen sinnvoll entlasten und stupide Arbeitsprozesse oder Analysenvorgänge automatisieren. Das geht einher mit enormen ökonomischen Vorteilen.

Wir möchten Ihnen nach einigen Vorbemerkungen in diesem Kapitel Praxisbeispiele aus vier typischen Bereichen zeigen, ihren Mehrwert verdeutlichen und Sie zu neuen Lösungen inspirieren. Dazu stellen wir Ihnen einige Lösungsansätze vor, die Ihnen eine Vorstellung vermitteln sollen, was möglich ist. Im anschließenden Kapitel finden Sie Planungsempfehlungen, die unbedingt zu beachten sind! Und zum Abschluss schneiden wir die Mythen und Sagen der Videoanalyse an, um klar die Grenzen der heutigen Videoanalyse aufzuzeigen und Sie vor allzu fantasievollen Lösungen und Anbietern zu bewahren.

Was will der Kunde wirklich erreichen?

Das ist die Königsfrage, die leider vom Anbieter oft nur am Anfang gestellt wird. Ob die Mittel und Techniken, die am Ende installiert werden, diesen Erwartungen entsprechen und der Kunde wirklich das erreicht, was er ursprünglich wollte, ist in vielen Fällen sehr fraglich und ehrlicherweise allzu häufig mit einem „Nein" zu beantworten.

Warum ist das so? Darauf gibt es sicher keine pauschale Antwort, doch zeigt unsere Erfahrung der letzten Jahre, dass oft fehlendes Wissen über die komplexen technischen Grundvoraussetzungen für die Planung der Videoanalyse am Einsatzort eine Rolle spielt. Das Resultat beim Kunden kann Unzufriedenheit und mangelndes Vertrauen in die Videoanalyse sein. Das muss nicht sein!

Nehmen Sie sich die Zeit und lassen Sie sich von allen Anbietern **Ihre** Lösung nicht nur präsentieren sondern auch demonstrieren. Das kann sicherlich zeitintensiv sein, wird Ihnen aber ganz sicher böse Überraschungen und längerfristige Enttäuschungen ersparen.

Intelligente Videoanalyse: Handbuch für die Praxis.
Torsten Anstädt, Ivo Keller und Harald Lutz
Copyright © 2010 WILEY-VCH Verlag GmbH & Co. KGaA, Weinheim
ISBN: 978-3-527-40976-1

Alternative Sensoren als sinnvolle Ergänzung

Die Intelligente Videoanalyse kann heute schon Unglaubliches, aber leider noch nicht alles leisten. Videoanalyse hat den verdienten Einzug in die Videowelt geschafft. Das heißt nicht, dass die altbewährten Sensoren wie Infrarot-, Wärmebild- oder Lasersensoren, simple Kontaktrelais oder auch andere Sensoren wie RFID (englisch: Radio Frequency Identification = Identifizierung per Funksignal) hiermit hinfällig geworden sind. In diesem Kapitel werden wir verschiedene Komplettlösungen der Intelligenten Videoanalyse vorstellen und zusätzliche Sensoren vorschlagen, die wir als sinnvoll erachten. Eine Erläuterung im Detail würde aber nicht nur den Rahmen sprengen, sondern auch von unserem Kernthema abschweifen.

4.1
Der Bahnhof

Die intelligente Videoanalyse hat längst weltweit erfolgreich ihren Einzug in Bahnhöfe gehalten und ist dort nicht mehr wegzudenken. Bahnhöfe sind in der Intelligenten Videoanalyse eine wahre Spielwiese der Möglichkeiten und sehr reizvoll für die Entwickler unserer Branche. Fast alle klassischen Algorithmen, die in den vorigen Kapiteln angesprochen wurden, kommen hier zum Einsatz und darüber hinaus können sehr interessante neue Algorithmen entwickelt werden. Wenn Neuland betreten wird, das heißt neue Kundenwünsche berücksichtigt und Lösungen erst noch erarbeitet werden sollen, ist es für den Kunden wichtig zu wissen, dass nicht nur technisches Verständnis, sondern auch Zeit vorhanden sein sollte.

4.1.1
Bahnhofsvorplatz

Der Bahnhofsvorplatz unterliegt in den verschiedenen Ländern unterschiedlichen Zuständigkeiten: In Deutschland ist die Polizei bzw. die Stadtverwaltung verantwortlich (und nicht, wie viele annehmen, die Deutsche Bahn AG oder die ansässige Bahngesellschaft). Steigen wir direkt ins Thema Sicherung und Grenzen ein. Die Sicherheit am Bahnhofsvorplatz hat Grenzen unterschiedlicher Natur:

- Rechtsgrenzen der Areale, die beobachtet werden dürfen (ausgenommen sind die meist angrenzenden privaten Gebäude, Fenster, Eingänge etc.)
- Grenzen der Analysemöglichkeiten (durch Lichtverhältnisse und wechselndes Wetter wie Sonne, Schatten, aber auch Schnee und Regen).

4.1.1.1 Statistiken
Die Videoanalyse ermöglicht es, einiges herausfiltern, was für den Anwender höchst interessant ist. Sie kann sichtbar machen, was ihm in der täglichen Routine kaum noch auffallen würde und somit ein wirklicher Helfer sein. Möglich sind Statistiken über:
- Personen, die verweilen oder schlicht „herumhängen"
- Personen, die zum Bahnhof gehen (tageszeitenabhängig)
- Personen, die vom Bahnhof kommen (tägliche Berufspendler, ggf. Touristen).

Mit der Intelligenten Videoanalyse kann man Daten zur Nutzung des Schienen- und öffentlichem Personennahverkehrs bekommen, die für Städte und Gemeinden interessant sein können, um klareres Zahlenwerk zu besitzen, wenn es z. B. um staatliche Förderung geht.

4.1.1.2 Nicht zuordenbaren Gegenstände – NZG
Im normalen Sprachgebrauch sind NZG besser bekannt als „Bombenkoffer". Sie tauchen nicht nur auf dem Bahnhofsvorplatz, sondern im ganzen Bahnhofsbereich immer wieder auf und sorgen für Unbehagen. Glücklicherweise handelt es sich sehr selten um Terrorversuche, meist ist es schlicht vergessenes Gepäck. Würde jeder Koffer, der 10 Minuten lang dasteht, einen NZG-Alarm auslösen, gäbe es im Bahnhof täglich Tausende von Alarmen. Eine solche automatische Detektion wäre vollkommen unbrauchbar. Die Erfahrungswerte der lokalen Sicherheitskräfte sind nötig, um ein Intelligentes Videoanalysesystem optimal zu parametrisieren und den Standort und die Auslösezeiten zu bestimmen. Die Stärke der Intelligenten Videoanalyse liegt im speziellen Fall der Abbildung 4.1

Abb. 4.1 NZG (nicht zuordenbarer Gegenstand) vor dem Bahnhof.

in der Recherche einer Szene. Mit ihr kann man den Besitzer des Koffers sekundenschnell ermitteln, die Szene besser interpretieren und die Gefahrenstufe abschätzen.

4.1.1.3 Parker
Der Bahnhofsvorplatz bietet meist trotz Absperrpfählen und Betonquadern immer wieder Anreiz für unerlaubtes Kurzparken. Recht einfach lässt sich eine Alarmzoneprogrammieren, so dass schnell eine Meldung an die hierfür zuständige Person oder den Abschleppdienst weitergeleitet wird und somit der Platz mit seiner Ordnung erhalten bleibt.

4.1.2
Reisezentrum

4.1.2.1 Kundenanalyse
Die Analyse der Kundenströme zur Optimierung von Service und internen Arbeitsprozessen, um letztendlich konkurrenzfähig zu sein und den Gewinn zu maximieren, wird zunehmend wichtiger. Hier können unterschiedliche Anbieter ein reiches Analyse-Portfolio bieten. Sie ermöglichen zum Beispiel folgende Statistiken:
- Aufenthaltszeiten am Schalter, am Fahrkartenautomat, im Warteraum etc.
- Zählung von Kunden am Schalter
- Schlangenbildung
- Zählung von Kunden am Automaten
- Ermittlung der Häufigkeit, mit der Kunden einen Vorgang am Automaten vor Beendigung abbrechen.

Im Gespräch mit dem jeweiligen Nutzer der Intelligenten Videoanalyse wird man sicher noch zu weiteren Analysemöglichkeiten kommen!

4.1.2.2 Personalplanung
Resultierend aus vorherigen Analysen und Statistiken (Abb. 4.2) lassen sich recht genaue Personalplanungen vornehmen, die fundiert und sinnvoll sind und unterschiedliche Wochen- und Monatszyklen berücksichtigen.

4.1.3
Shoppingcenter

4.1.3.1 Bewertung von temporären Vermietungsflächen
Bahnhöfe werden immer häufiger erfolgreich zu kommerziellen Zwecken wie Produkt-Promotions und für saisonale Warenangeboten zum Beispiel zu Ostern und Weihnachten genutzt, und das aus gutem Grund. Der Personen-/Kunden-

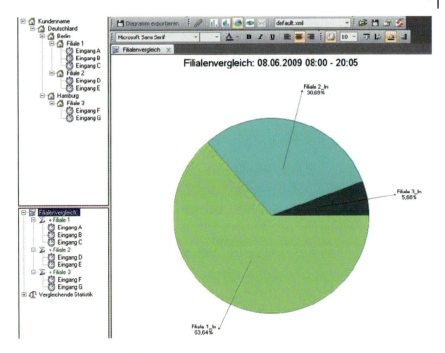

Abb. 4.2 Kundenzählprotokoll. (Quelle: Vis-à-pix).

durchsatz der großen Bahnhöfe ist außergewöhnlich hoch und somit für die Konsumgüterwerbung und den Vertrieb sehr reizvoll.

Mit Intelligenter Videoanalyse kann der Bahnhofsbetreiber sein Flächenvermietungskonzept weitaus besser abstimmen, denn durch die Kunden-Laufweganalyse und die Kundenzählung lassen sich sowohl die temporären Verkaufsflächen als auch die eigentlichen Shops genau bewerten. Die temporären Flächen können in A-, B- oder C-Lagen eingeteilt werden. Ganz neue Kundengruppen können in Bahnhöfen hier erschlossen werden. Möglicherweise kann sich ein Kunde die Anmietung einer erstklassigen Verkaufsfläche in einer A-Lage nicht leisten, aber mit einer B- oder C-Fläche einen Einstieg finden, seine Waren zu bewerben.

Darüber hinaus ergeben sich Kontrollfunktionen für das Bahnhofsmanagement, das sein eigenes Konzept auf Erfolg prüfen und zum Beispiel frühzeitig auf geringe Kundenfrequenz mit Werbemaßnahmen reagieren kann.

4.1.3.2 Werbeflächen und Wegweiser

Es gibt sicher zahllose Beispiele für Werbeflächen, die vollkommen unnütz sind. Nur weil an einer Stelle Platz vorhanden ist, heißt es nicht, dass es auch der richtige Platz für eine Werbung oder einen Wegweiser ist. Werbeflächen, Beschilderungen oder Wegweiser können mit dem Mittel der Laufweganalyse optimiert werden, den Kunden an der richtigen Stelle informieren oder lenken und somit die Werbeflächen wirksamer machen.

Für den Katastrophenschutz ist die Planung der Fluchtwege wichtig. Sie können optimiert werden, wenn beispielsweise Schwächen wie nicht wahrgenommene Hinweisschilder rechtzeitig erkannt werden. Die Sicherheit der Bahnhofsgäste lässt sich dadurch erhöhen. Weitere interessante Ansätze, die sich für den Bahnhofsbereich adaptieren lassen, können Sie im Kapitel über die Anwendungsbeispiele im Einzelhandel nachlesen.

4.1.4
Bahnsteig und Schienen

4.1.4.1 Zigarettensammler, Selbstmörder, Leichtsinnige

„Warum ist dieser Mensch auf die Schienen gegangen?" Diese Frage können wir uns leider oft stellen, denn tagtäglich passiert es, dass Personen auf die Schienen gehen und tödlich verunglücken. In den seltensten Fällen ist ein Suizidversuch der Grund. In vielen Ländern laufen Zigarettensammler systematisch die Gleise der Stationen ab, sammeln Hunderte von Zigarettenstummeln auf und setzen sich unglaublichen Gefahren aus (Abb. 4.3). In der Spitzengruppe der Verunglückten sind Fahrgäste, die es zu eilig haben und statt die vorgesehenen Unter- oder Überführung zu nutzen die Gleise zwischen den Bahnsteigen überqueren sowie Schüler, die als coole Mutprobe von Bahnsteig zu Bahnsteig laufen (Abb. 4.4). Sie riskieren leichtsinnig ihr Leben. Glücklicherweise gibt es je nach Bahnstation und Lage recht zuverlässige Analyse-Instrumente:

- Detektion bei Überschreitung einer Analyse-Linie
- Alarm bei zu langem Stehen an der Bahnsteigkante
- Alarm bei Personen, die auf den Bahngleisen laufen.

Schwierigkeiten in der Analyse können sich ergeben bei:
- kurvigen Bahnsteigen
- Service- und Wartungspersonal auf den Gleisen
- starker Schattenbildung im Außenbereich
- Reflektionen durch hereinfahrende Züge im Innenbereich
- schlechter Kameraqualität.

Diese Art von Problemen kann auftauchen, sie müssen das Projekt jedoch nicht insgesamt gefährden. Werden Erfahrungswerte gesammelt, kann die Feineinstellung der Szenen erfolgen und die erforderlichen Parameter können optimal gesetzt werden. Dieser Vorgang kann sich je nach Intensität der auftretenden Symptome und abhängig von der Qualität der Analyse-Algorithmen kürzer oder länger gestalten. Die Dauer sollte auf jeden Fall bei der Projektplanung mit einkalkuliert werden.

Abb. 4.3 Zigarettensammler.

Abb. 4.4 Personendetektion beim Schienenübergang.

4.1.4.2 Planungsinstrument für das Sicherheits- und Servicepersonal

Hier kann die Intelligente Videoanalyse ein echter Helfer sein, Kosten einsparen und die Sicherheit der Fahrgäste erhöhen! Die Fahrgastzahlen können zu unterschiedlichen Tages- und Nachtzeiten über Tage, Wochen und Monate gemessen und ausgewertet werden. Die Personalplanung des Sicherheitspersonals, aber die auch die nötige Anzahl der Bahnwaggons können sehr fein und effektiv abgestimmt werden, so dass die Häufigkeit überfüllter und gefährlicher Bahnsteige somit Stück für Stück reduziert werden kann.

Auch das Service- und Gebäudemanagement kann durch gezielt eingesetzte Reinigungspläne basierend auf der Frequenzanalyse und der zu erwartenden Verschmutzung signifikante Kosteneinsparungen erreichen. Die Amortisationszeiten hierfür sind sicher sehr interessant.

4.1.4.3 Wetter an unbesetzten Bahnhöfen

Betrachtet man das Bahnnetz in Europa, gerät ins Staunen, mit welcher Anzahl von Bahnhöfen und welchem Streckennetz wir es zu tun haben. Das Management erfordert minuziöse Planung und ist trotz der Erfahrungswerte der Mitarbeiter eine tägliche Herausforderung. Die Intelligente Videoanalyse wird in der Zukunft ein nicht wegzudenkendes Arbeitsinstrument werden und Prozesse automatisieren, für die heute immer noch Menschen verantwortlich sind. An unbemannten Bahnhöfen kann es bei plötzlichen Wetterumschwüngen mit Schneefall oder gar Blitzeis auf den Bahnsteigen zu gefährlichen Situationen kommen. Diese lassen sich detektieren und eine Meldung vollautomatisch an die zuständigen Mitarbeiter oder Dienstleister weiterleiten, um Unfällen vorzubeugen. Die Bahnhöfe werden somit kontrollierbarer und sicherer. Die Kombination der herkömmlichen Videoüberwachung mit zusätzlichen Wettersensoren ist empfehlenswert.

4.1.5
Schließfächer

Schließfächer in Bahnhöfen sind immer wieder Objekte der Videoüberwachung, doch ohne Videoanalyse ist diese recht uneffektiv. Vereitelung von Straftaten kann durch gezielt eingesetzte Analysen und Detektoren erreicht werden. Vermutet man zum Beispiel einen so genannten Drogenbriefkasten, in den der Sender die Ware deponiert und aus dem der Empfänger die Ware nach Bezahlung abholt, können sowohl Sender als auch Empfänger mit Hilfe von Intelligenten Videoanalyse-Suchsystemen in wenigen Minuten ermittelt werden und auf diese Weise die Arbeit der Ermittler erheblich erleichtern.

Wir empfehlen einen Videoanalyse-Algorithmus, der es ermöglicht, spezielle Felder zu markieren (Schließfächer beliebiger Größe), der eine Klassifizierung von Menschen und Objekt vornehmen sowie die Verweilzeiten von Personen ermittelt kann. Dies sind sinnvolle Analysefilter, die die Ermittlungszeiten um ein Vielfaches beschleunigen.

4.1.6
Tunnels

4.1.6.1 Mensch- oder Kuhalarm

Eine sehr positive Entwicklung nimmt die Intelligente Videoanalyse in der Tunnelüberwachung, wie Sie auch im Abschnitt 4.5.10 nachlesen können. Da die Überwachung sehr zuverlässig ist und schnell reagieren kann, entlastet sie den Menschen um ein Vielfaches. Außer durch Mutproben oder die Abenteuerlust spielender Kinder, verirrt sich glücklicherweise nur sehr selten jemand in einen Bahntunnel. Hier gibt es weitaus häufiger andere Gefahrenpunkte. Das Streckennetz führt überwiegend durch ländliche Gebiete und nicht selten überquert Wild oder Vieh die Schienen, was sich trotz aufwändiger Absperrungen nicht immer vermeiden lässt. In einem Tunnel können Tiere je nach ihrer Größe und Art zu empfindlichen Verzögerungen oder sehr gefährlichen Situationen führen. Das muss nicht sein. Ein Frühwarnsystem mit Intelligenter Videoanalyse kann den Zugführer rechtzeitig informieren und die Schiene somit noch sicherer machen. Auch hier kommt es auf eine ausreichende Komplexität der Analyse-Algorithmen an. Was hier eine Software unbedingt können muss, ist die Klassifizierung von Objekten, die Möglichkeit zur Definition von Zonen, die Erkennung einer Zonenüberschreitung sowie die Richtungserkennung.

Zwei Dinge möchten wir Ihnen mit auf den Weg geben:
- Bei der Planung sollten Sie von vornherein die Kamerapositionierung korrekt vornehmen: Die Kamera sollte in den Tunnel hinein- und nicht aus dem Tunnel herausblicken. So können Störungen durch Sonnenstrahlen vermieden werden, die sonst aufwändig beseitigt werden müssten. Die Analyse kann sich „auf das Wesentliche" konzentrieren und funktioniert besser.
- Wenn möglich, den Tunnel durch ausreichende Beleuchtung in guten und konstanten Lichtverhältnissen halten.

4.1.7
Diebstahl aus den Dieseltanks

Diesel ist im Zuge der steigenden Ölpreise ein gefragter Treibstoff – leider auch bei Mitarbeitern mit Selbstbedienungs-Mentalität. Sowohl die Tankstellen für den Betreiber-Fuhrpark als auch die manuellen Dieselzapfanlagen der Dieselloks sich oft aus logistischen Notwendigkeiten an schlecht einsehbaren Plätzen. Eine Kontrolle durch klassische Videoüberwachung ist nur mit hohem Personalaufwand möglich, was den Prozess unnötig verteuert. Auch hier amortisiert sich eine Intelligente Videoanalyseanlage, die Anomalitäten während des Tankprozesses analysiert, in wenigen Monaten oder gar Wochen!

Wichtig ist, dass wir nicht nur die Bewegungen der tankenden Personen analysieren, da diese nicht immer befriedigend aussagekräftig sind und womöglich gar nicht verwendet werden können, sondern die Gesamtsituation. Steht etwa ein Kanister oder gar ein illegales Tankfahrzeug in der Nähe der Zapfsäule? Wie lange benötigt der Bediener für den Tankprozess der Diesellok und gibt es hier außergewöhnliche Abweichungen? Je nach Gegebenheiten der Anlage empfiehlt sich eine Kombination: Videoanalyse und Anbindung der Zapfanlage mit Kontaktgebern, die den Start und das Ende des Tankprozesses melden können.

4.1.8
Graffiti-Malen, Kofferbomben, Schlägereien – Wünsche und Grenzen der Analysemöglichkeiten

Wir arbeiten täglich daran, die Wünsche der Kunden besser zu verstehen und optimal in Algorithmen umzusetzen, doch gibt es immer wieder Ansprüche, denen nicht zu 100% entsprochen werden kann – zumindest heute noch nicht.

Im vielen Fällen mögen Intelligente Videoanalyse-Algorithmen bei der Erkennung von Graffiti-Malen, Bombenkoffern oder Schlägereien (Abb. 4.5) sehr gut funktionieren, aber sicher nicht in allen Situationen, wie zum Beispiel bei beliebigem Kamerawinkel, bei schlechten Kamerasignalen und bei variablen Lichtverhältnissen. Selbst wenn der Planer alles richtig gemacht hat, muss das kein Garant für 100%-Ergebnisse sein. Es ist nicht damit getan, eine Intelligente Software zu installieren, eine Kamera auf die Szene zu halten und auf das gewünschte Ergebnis zu warten.

Wenn bei einem Pilotprojekt im Bereich der Gesichtserkennung eine Erkennungsrate von 60% erreicht wurde, spricht man leider oft schon von Misserfolg. (Würde sich die Effizienz eines Unternehmens um 60% steigern lassen, wäre dies phänomenal und ein riesiger Erfolg!) Eine spannende Frage: Warum kann bei der gleichen Zahl zu analysierender Personen pro Zeiteinheit einmal eine Erfolgsrate von 60% resultieren, in einem andern Fall (zum Beispiel bei einem bestimmten, großen Einzelhändler) aber eine Trefferquote von 95%? Im erfolgreicheren Fall hat man sich um eine optimale Kameraposition bemüht und die Personen durch einen Monitor (Abb. 4.6) animiert, in die Kamera zu schauen. So simpel funktionieren wir Menschen nun einmal.

Abb. 4.5 Erkennung einer Kampfsituation. (Quelle: AxxonSoft).

Abb. 4.6 Monitor mit integrierter Kamera animiert Menschen, in die Kamera zu schauen, ohne dass sie es bemerken. (Quelle: Lekson Video).

4.2 Flughäfen

Ein Flughafen ist hoch komplex und birgt sehr viele Aufgaben, aber auch Probleme, an denen kontinuierlich gearbeitet werden muss. Die großen Flughafenbetreiber sind schon recht früh auf Lösungsansätze mit Intelligenter Videoanalyse gestoßen und haben im Sinne der Forschung und Entwicklung zu einigen Lösungen aktiv beigetragen.

Aus der Sicht der Entwickler von Intelligenten Analysesystemen ist ein Flughafen so ziemlich das Schwierigste, das es gibt. Tagtäglich passieren Zehntausende von Menschen die Videokameras, verwandeln über Stunden großflächige Bereiche wie zum Beispiel die Check-In-Hallen oder die Gates in Ameisenhaufen und erzeugen mit ihren Paketen und Koffern wahre Lagerhallen. Der Vordergrund lässt sich kaum noch vom Hintergrund unterscheiden – hier bekommen die Entwickler klare Machbarkeitsgrenzen aufgezeigt. Wir zeigen im Folgenden, an welcher Stelle Intelligente Videoanalyse hilfreich sein kann und präsentieren Lösungen oder Lösungsansätze.

4.2.1 Parkplätze und Parkhäuser

Die heutige Analyse kann Fahrzeuge, die auf Parkverbotsflächen stehen (Abb. 4.7) oder sich länger als die erlaubte Zeit in Kurzparker-Arealen aufhalten, detektieren und in der nächsten Sekunde eine Meldung an einen Ordnungshüter senden – beispielsweise auf dessen PDA (persönlicher digitaler Assistent) oder Smartphone. Dieser kann jetzt gezielt die parkenden Fahrzeuge prüfen. In der Zukunft müssen sich Parker wohl mehr disziplinieren.

Was das Parken an Flughäfen anbelangt, gibt es den Aspekt der Sicherheit und den der Wirtschaftlichkeit. Die Videoanalyse ist ein sehr praktisches Instrument für den Ordnungswächter, der die Aufgabe hat, die Sicherheit und den freien Verkehrsfluss zu gewährleisten. Durch den Missbrauch der vorgeschriebenen Kurzparkerzeiten und allzu oft durch Parken in der zweiten Reihe wird der Verkehr behindert oder gar komplett blockiert. Die Detektion von Fahrzeu-

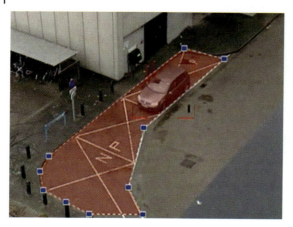

Abb. 4.7 Detektion eines Falschparkers. (Quelle: Bosch).

gen ist als Mittel goldrichtig. Eine Unterscheidung zwischen Fahrzeugen und kleinen Touristengruppen muss dabei möglich sein, deshalb sollte man strikt darauf achten, dass die Analyse die Klassifizierung zwischen Mensch und Objekt beherrscht. Die Wirtschaftlichkeit ist der positive Nebeneffekt für den Betreiber, der mit einer schnellen Amortisation einer solchen Anlage rechnen kann, da der Ordnungshüter vor Ort gezielter vorgeht und somit mehr Einnahmen realisieren kann.

Parkhäuser sind nicht minder problematisch als Parkflächen und ein sehr spezielles Thema. Die Betreiber und Fachabteilungen mögen es uns nachsehen, wenn wir diesen Punkt nur anschneiden, denn wir möchten dem Leser hier ein generelles Bild der möglichen Anwendungen vermitteln. Hunderte oder gar Tausende von Kameras sind in den mittleren bis großen Flughäfen dieser Welt nichts Unübliches und doch schützen sie vor regelmäßigen Straftaten wie Autoaufbrüchen, Demontage von Autoteilen oder Fahrzeugdiebstahl bisher kaum. Und dies ist auch nicht verwunderlich, da es für einen Wachmann schlichtweg unmöglich ist, die Flut von Videodaten zu analysieren. Wie kann hier die automatisierte Videoanalyse helfen? Für die Einbruchprävention würden wir die Detektion von herumlungernden Personen empfehlen, die sich länger als üblich in einem Areal aufhalten (Abb. 4.8). Diese Analyse lässt sich auch gegen Autoteilediebe gut anwenden.

Fahrzeugdiebstahl lässt sich nur sehr schwer erkennen, da aus Datenschutzgründen biometrische Daten nicht mit Fahrzeugdaten verknüpft werden dürfen (siehe Kapitel 6: Datenschutz). Aber es besteht die Möglichkeit zur Verknüpfung von Daten auf freiwilliger Basis. Zum Beispiel können Langzeitparker, die ihre Parkzeit absehen können, ihr Kennzeichen angeben, auf Wunsch ihren Personalausweis einscannen oder ihr Porträt am Parkautomaten erstellen und so dem Wachdienst die Möglichkeit zur Identifikation im Verdachtsfall geben. Somit kann durch das Parkmanagementsystem das frühzeitige Verlassen des Fahrzeuges erkannt und ein Alarm ausgelöst werden. Dies kann sich zu einem

Abb. 4.8 Automatische Verfolgung eines Autodiebes mit Pan-Tilt-Zoom-Kamera (englisch: schwenken, neigen, zoomen).

zusätzlichen Service des Parkhauses entwickeln, der separat abgerechnet wird und die Sicherheit für die Kunden erhöht.

Für die Unfallprävention ist noch nichts entwickelt worden, doch können Sie mit einer intelligenten Videorecherche Unfallbeteiligte oder Fahrerflüchtige in einem Parkhaus sehr schnell ermitteln. Ebenso kann Vandalismus wie mutwilliges Verkratzen von Fahrzeugen aufgedeckt werden. Solche Unregelmäßigkeiten können von einem intelligenten System auf einer separaten Festplatte abgespeichert und im konkreten Fall komfortabel abgerufen werden, was viel Zeit und Geld spart.

4.2.2 Check-In

Das Check-In-Areal eines Flughafens ist uns bekannt als ein reger, manchmal auch chaotischer Ort, an dem sich der Fluggast nur noch schwer seinen Weg durch die Menge der Warteschlagen und Gepäckwagen bahnen kann. Das soll sich ändern durch so genannte Passenger-Flow-Management-Systeme. Mittels Intelligenter Videoanalyse werden zum einen Statistiken über Laufwege und Gästezahlen erhoben, die eine langfristige Prognose ermöglichen und zur Planung einer optimalen Betreuung durch das Servicepersonal herangezogen werden können. Zum anderen kann das Passenger-Flow-Management als aktives Managementsystem ausgebaut werden, das auf abgestellte Gepäckwagen und sich bildende Schlangen hinweist (Abb. 4.9), um sich ankündigende Staus und Barrieren zu verhindern.

Im wiederkehrenden Rhythmus aus fließendem und stehendem Personenverkehr in einer Check-In-Halle lassen sich heute nur bedingt Unregelmäßigkeiten detektieren. Die so genannten NZG (nicht zuordenbare Gegenstände) oder im allgemeinen Sprachgebrauch Bombenkoffer entpuppen sich glücklicherweise meist als harmlose Koffer, die der Fluggast vergessen oder immer häufiger, der hohen Übergepäckgebühren wegen, einfach hat stehen lassen (Abb. 4.10). Mit dem letztgenannten Fall haben meist die Flughäfen zu kämpfen, die Billig-Airlines als Hauptkunden beherbergen. Das Auffinden der NZG ist hoch komplex

Abb. 4.9 Meldung von Schlangenbildung durch Aufenthaltsmessung. (Quelle: Fraport AG).

Abb. 4.10 Nicht zuordenbare Gegenstände: Detektierter NZG am Flughafen in der Mitte des Bildes mit rotem Rahmen gekennzeichnet. (Quelle: Fraport AG).

und nicht immer zu gewährleisten, da alle Parameter stimmen müssen. Das heißt, der Koffer muss in der Regel gut sichtbar, der Kontrast zum Fußboden ausreichend und die Alarmzeiten müssen gut abgestimmt sein. Sonst empfängt der Wachdienst täglich Tausende von NZG-Alarmen, die somit unbrauchbar sind. Die Videoanalyse zur Auffindung von NZG ist heute nur in wenigen Bereichen wirklich effizient. Sehr hilfreich ist aber die schnelle Auffindung des ursprünglichen NZG-Besitzers. Und dies ist mindestens genauso, wenn nicht sogar wichtiger, da mittels blitzschneller Videorecherche die Abstellszene ermittelt werden kann, was dem Wachdienst bzw. dem Bundesgrenzschutz eine bessere Abschätzung des Gefahrenmomentes ermöglicht.

4.2.3
Passkontrolle und Selbstkontrolle als Pilotprojekt

Die Passkontrolle wird heute an einer Station durchgeführt, die in den meisten Fällen immer noch unter der Kontrolle von Grenzbeamten steht und nicht automatisiert ist. Zu Stoßzeiten kommt es regelmäßig zur Schlangenbildung. Das führt zu einem hohen Personalaufwand, da sich zusätzliches Servicepersonal um die Ordnung vor den Kontrollpunkten kümmern muss und bringt erhebliche Mängeln bei den laufenden Personal- und Crewkontrollen mit sich, so dass es immer wieder nichtautorisierten Personen gelingt zu passieren.

Der Frankfurter Flughafen, als innovativ bekannt, hat sich mit dieser Problematik auseinandergesetzt und sich mit dem Bundesministerium für Inneres eine kluge Lösung einfallen lassen. Die Stichworte sind Automatisierung und Biometrie. Fluggäste können sich freiwillig registrieren lassen und anschließend ganz ohne Grenzpersonal nur mit ihrem Pass die Passkontrollstelle passieren, nachdem ihr Gesicht biometrisch geprüft wurde (Abb. 4.11). Der gewünschte Effekt der Reduzierung von Schlangenbildung ist hier eingetroffen.

Zusätzlich zu dieser schon ausgefeilten Technik verlässt man sich an den Passkontrollpunkten auch auf Intelligente Analyse als Ordnungsinstrument ge-

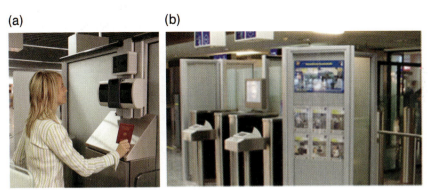

Abb. 4.11 a: Biometrische Personenkontrolle und b: automatische Kontrollstelle. (Quelle: Fraport AG).

74 | 4 Praxisbeispiele aus vier Anwendungsbereichen

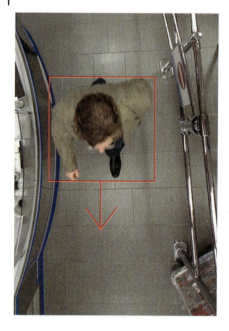

Abb. 4.12 Alarmierung bei falscher Laufrichtung (Gegenlaufdetektion). (Quelle: Studie Anstädt).

gen Schlangenbildung und zur Gegenlaufdetektion. Letztere erzeugt einen Alarm, wenn Personen sich verirrt haben und vom Gate oder Duty-Free-Bereich zurück zur Passkontrolle gehen (Abb. 4.12).

4.2.4 Security Check

Der Security Check ist mittlerweile mit einem extrem großen Aufgebot an Personal und Technik bestückt. Wahrscheinlich hat jeder Leser bereits sein Handgepäck oder Notebook in ein Röntgengerät gelegt und ist anschließend durch einen Metalldetektor gegangen. In manchen Fällen wurde das Notebook oder anderes technisches Gerät auch auf Sprengstoff untersucht. Noch nicht ganz so häufig sind Sprengstoffschleusen, in die man sich stellen muss und sekundenschnell durchgeblasen wird. Schon das kleinste Sprengstoffpartikelchen oder Ausdünstungen von gefährlichen Stoffen können detektiert werden kann.

4.2.4.1 Waffen-Scanner

Umstritten aus datenschutzrechtlichen Gründen, aber sehr effektiv sind die so genannten Körper- bzw. Waffen-Scanner, durch welche die zu prüfende Person bis auf die Haut auf Waffen und anderen Gegenstände untersucht werden kann (Abb. 4.13). Hier gibt es sehr unterschiedliche Systeme, die manchmal mehr, aber zum Glück oft auch weniger die Körperdetails visualisieren. Täglich werden Tausende von Fluggästen durchgeschleust und trotz regelmäßigen Per-

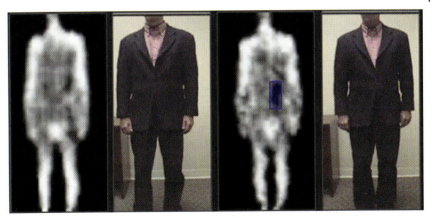

Abb. 4.13 Objekt-Scanner erkennt Gegenstand am Körper.
(Quelle: Brijot Imaging Systems Inc.).

Abb. 4.14 Der Face Finder hat zwei Gesichter erkannt
und gekennzeichnet. (Quelle: AxxonSoft).

sonalwechsels können wegen der begrenzten menschlichen Konzentrationsfähigkeit Löcher im Prüfvorgang entstehen. Hier empfehlen wir, die Prüfvorgänge immer mit einer entsprechenden Videoanalyse zu koppeln, um menschliche Fehler zu kompensieren.

4.2.4.2 Gesichtfinder – Face Finder

Der intelligente Gesichtsfinder- Algorithmus in der Echtzeitvideoüberwachung oder Bearbeitung von gespeichertem Videomaterial ist ein gutes technisches Hilfsmittel für die Suche nach Gesichtern (Abb. 4.14). Ein Face Finder zeigt dem Wachpersonal zum Beispiel alle Gesichter von Personen, die in den letzten 15 Minuten den Security Check passiert haben. Die Identifikationsprüfung findet an dieser Stelle rein manuell statt.

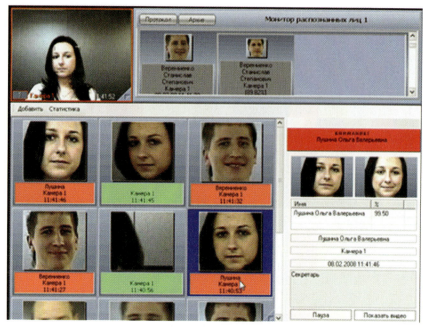

Abb. 4.15 Der Face Scanner erkennt ein Gesicht, das in der Datenbank gespeichert ist. (Quelle AxxonSoft).

4.2.4.3 Gesichts-Scanner – Face Scanner

Im Gegensatz zum Gesichtsfinder identifiziert der Gesichts-Scanner Personen vollautomatisch, vorausgesetzt, diese sind in der Datenbank gelistet und werden auch vom System erkannt (Abb. 4.15). Hierzu haben wir bereits Installationsvorschläge im Abschnitt 4.1 erwähnt, welche die Erfolgsquote steigern können.

4.2.5 Gepäckverladung

Das Gepäckstück eines Fluggastes wird am Check-In-Schalter aufgegeben und wie wir auf Reisen geschickt. Der Unterschied zum Fluggast ist, dass das Gepäckstück leider nur zu oft nicht am gewünschten Ziel ankommt oder gar komplett verschwindet. Laut SITA (Société Internationale de Télécommunication Aéronautique), einer Genossenschaft, die in den Bereichen Luftfahrt, Touristik und Logistik Datenverarbeitungs- und Kommunikationsdienste anbietet, sind 2008 weltweit ganze 32,8 Millionen Gepäckstücke verlorengegangen. Das ist zwar im Vergleich zu den jährlich transportierten Gepäckstücken eine geringe Zahl, wir würden aber sagen: 32,8 Millionen zu viel. Der Grund ist oft menschliches Versagen. Das Gepäckstück wird bei Verbindungsflügen erst gar nicht weiter verladen. Häufig wird Gepäck auch schlichtweg gestohlen. Zum Teil ist der Diebstahl ein organisiertes Verbrechen: Ganze Schichten von Gepäckverladern sprechen sich ab und decken sich gegenseitig. Verschlossene Gepäckstücke werden, laut interner und externer Ermittler, blitzschnell geöffnet, auf Wertgegenstände durchsucht, geplündert und wieder verschlossen. Ganze 45 Sekunden dauerte der Vorgang beim Schnellsten in einer Schicht, die glücklicherweise durch verdeckte Videoüberwachung überführt werden konnte. Aber diese Erfolge sind leider selten und die Suche gleicht immer noch der berühmten Suche nach der Stecknadel im Heuhaufen. Warum ist das so? Die internen Ermittler eines Flughafens dürfen nach Absprache mit dem Betriebsrat im Verdachtsfall versteckte Kameras 14 Tage lang an unterschiedlichen Verladestellen installieren. Das bedeutet bei großen Flughäfen: Auf mehreren Videorekordern laufen Daten auf, die normalerweise von einem mehrköpfigen Team wochenlang händisch analysiert werden müssten. Doch besteht selbst an großen Flughäfen ein solches Ermittlerteam nur aus wenigen Personen. Sie können diesen Videodatenberg nicht bewältigen.

Mittels Intelligenter Videoanalyse kann eine Vorselektion stattfinden und nach klassischen Bewegungsprofilen und Verhaltensweisen an den Verladestellen gesucht werden. Die Ermittlungszeiten können sich so drastisch verringern und die Erfolgsquote kann gesteigert werden.

Aber Diebstahlprobleme existieren nicht nur an den Gepäckverladestellen sondern auch an den Gepäckausgabestellen und den Gepäckbändern. Hier Präventivmaßnahmen mittels der Intelligenten Analyse vorzunehmen ist leider noch nicht möglich, aber Anstrengungen von Luxuskofferherstellern, die Ihre Koffer mit RFID-Chips oder GPS-Sendern ausstatten wollen, haben bereits begonnen.

4.2.6
Gates

Die Möglichkeiten zur Erhöhung der Gate-Sicherheit sind vielfältig. Intelligente Analyse ist zwar kein Patenrezept für alle Fälle, aber sehr hilfreich bei der Lenkung von ankommenden und abfliegenden Fluggästen. Damit diese sich nicht in den komplexen Strukturen und Wegen eines Flughafens verirren, kann eine Intelligente Videoanalyse mit Gegenlaufanalyse und Richtungserkennung (Abb. 4.16) die Gäste vollautomatisch leiten oder sogar Tore schließen.

Die meisten Gates sind heutzutage recht puristisch und via Kamera gut einsehbar. Unter diesen Voraussetzungen ist es auch möglich, nach einem bestimmten Zeitintervall stehengelassene Objekte – die schon im Bahnkapitel erwähnten NZG (nicht zuordenbare Gegenstände) – zu detektieren. Wenn der Flughafenbetreiber diesen Anspruch hat, muss er sich sicher darauf einstellen, weitere Kameras zu installieren, um eine optimale Kameraausleuchtung zu garantieren.

Abb. 4.16 Erkennung der Bewegungsrichtung einer Person am Gate. (Quelle: AxxonSoft).

Abb. 4.17 Wärmebilddetektion einer Person in der Nacht im Flughafenvorfeld. (Quelle: Flir).

4.2.7
Flughafenvorfeld

Die Sicherung des gesamten Vorfeldes mit herkömmlichen Kameras und Intelligenter Videoanalyse ist, wenn überhaupt, nur bei Tage möglich. Doch gibt es eine sehr erfolgreiche Kombination aus Intelligenter Videoanalyse und Wärmebildtechnik (Abb. 4.17), die eine ganzheitliche Sicherung selbst auf große Entfernung bei Tag und Nacht ermöglicht und sogar klassische Fehlalarme der Videoanalyse fast vollständig unterdrückt.

Es ist nicht immer der Mensch, der ein gefährlicher Eindringling ist. Viel häufiger kommt es durch Tiere zu brenzligen Situationen (Abb. 4.18). Aufgescheuchte Vogelschwärme können für ein landendes oder startendes Flugzeug und somit für die Passagiere zur Lebensgefahr werden.

Virtuelle Zäune können eingerichtet werden und sichern die Außenhaut des Flughafenvorfeldes (Abb. 4.19). Aber auch Lager und normalerweise frei zugängliche Mietflächen können temporär oder dauerhaft geschützt werden.

Wichtig an dieser Stelle ist, die Grenzen der Analyse im Außenbereich, die uns Mutter Natur beschert hat, zu erwähnen. Bei massivem Schnee- oder Regenfall ist eine Wärmebilddetektion und somit auch die Intelligente Videoanalyse nur noch schwer möglich.

Abb. 4.18 Wärmebilddetektion eines Tieres in der Nacht. (Quelle: Flir).

Abb. 4.19 Personendetektion am Zaun. (Quelle: Bosch).

4.2.8
Gesundheits-Check

Die wachsende Zahl von Auslandsreisen und die Migration von Arbeitskräften hat das Risiko von Pandemien erhöht. Ein Einsatzfeld für die Kombination der Intelligenten Videoanalyse mit der Wärmebilddetektion ist die Automation der Vorselektion von potenziell Erkrankten. Es ist möglich, gefährdete Personen durch das Symptom Fieber zu erkennen, wie in den bekannten Fällen von SARS und Schweinegrippe. Die Körpertemperatur des Menschen ist ein komplexes Symptom. Der Mensch ist homöotherm, d.h., er muss seine Körpertemperatur konstant halten und manchmal zu diesem Zweck Wärme an seine Umgebung abstrahlen. Die Übergangsstelle zwischen der Wärmeproduktion und der Umgebung ist die Haut. In diesem dynamischen Organ wird kontinuierlich das Gleichgewicht zwischen den physiologischen Anforderungen des Körpers und den Umgebungsbedingungen erzeugt. Die Infrarot-Thermografie liefert in Echtzeit eine visuelle Karte der verschiedenen Hauttemperaturen, denn Infrarotkameras sind hochempfindlich. Sie erkennen automatisch die höchste Temperatur innerhalb eines Bereichs, der vom Bedienpersonal eingestellt wird. Ein Farbalarm erleichtert die Entscheidung, ob eine Person genauer untersucht werden muss oder nicht (Abb. 4.20).

Die Infrarot-Thermografie kann unterstützend zur Erkennung der Vogelgrippe und anderer Viruserkrankungen eingesetzt werden und somit zur Eindämmung der weiteren Verbreitung beitragen. Der Stamm H5N1 der Vogelgrippe verursachte in seiner frühen Phase in Asien und Europa eine Sterberate von über 50% bei den Erkrankten. Bisher kam es nur äußerst selten zu einer Übertragung des H5N1-Virus von Mensch zu Mensch. Da jedoch alle Grippeviren die Fähigkeit besitzen, sich zu verändern, befürchten Wissenschaftler, dass das H5N1-Virus eines Tages in der Lage sein könnte, Menschen zu infizieren und sich problemlos von Mensch zu Mensch zu übertragen.

Seit dem Ausbruch von SARS (die Infektion verlief bei 10% der betroffenen Personen tödlich) sind Gesundheitsbehörden auf der ganzen Welt bemüht, eine schnelle, einfache und zuverlässige Methode zu finden, um eine erhöhte Körpertemperatur beim Menschen festzustellen. Die Thermografie ist eine solche Methode. Sie liefert Wärmebilder, auf denen selbst geringste Temperaturunter-

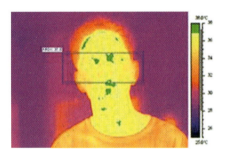

Abb. 4.20 Infrarot-Thermografie eines Flugpassagiers. (Quelle: Flir).

Abb. 4.21 Detektion von Personen mit erhöhter Körpertemperatur. (Quelle: Flir).

schiede dargestellt werden und hat sich als Überwachungsmethode bewährt (Abb. 4.21).

4.2.9
Gebäudemanagement

Intelligente Videoanalyse steht im Bereich Gebäudemanagement erst noch ganz am Anfang. Natürlich bestehen bereits Schnittstellen zur biometrischen Zugangskontrolle, zu Wärmebild-, Brandmelde- und Vandalismusschutzsystemen, aber es warten noch etliche zukünftig denkbare Aufgaben auf die Intelligenten Videoanalysesysteme wie zum Beispiel:
- Kosteneneinsparung bei der Gebäudereinigung durch Frequenzanalyse (Abb. 4.22).
- Verringerung von Unfallgefahren an Rolltreppen.
- Schutz der Notausgänge und Feuerwehrzufahrten vor parkenden Fahrzeugen.

Also sind wir gespannt, was uns in diesem Bereich noch erwartet und hoffen auf entwicklungsfreudige Auftraggeber.

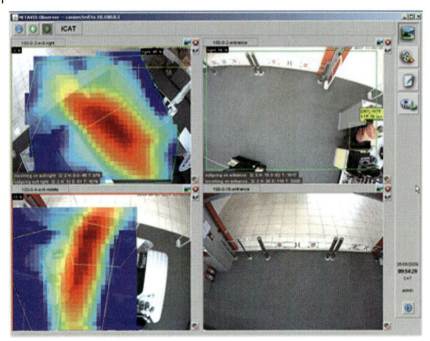

Abb. 4.22 Gebäudemanagement durch Frequenzmessung (blau markierter Bereich bedeutet: „nicht begangen" und rot: „stark frequentiert"). (Quelle: Netavis).

4.3 Einzelhandel – Retail

Der Wettbewerb im Einzelhandel ist gekennzeichnet durch starke Konkurrenz, die Notwendigkeit der effizienten Nutzung der Ressourcen (z. B. Regalplatz, Raum für Displays) sowie den schnellen Wandel von Trends und Moden, der eine ständige Anpassung an die Kundenbedürfnisse erfordert. All dies rückt Marktforschung immer mehr in den Fokus des Interesses, um näher am Kunden zu sein und sich optimal positionieren zu können. Bislang bedeutete dies hohe Kosten und einen hohen Zeitaufwand bei gleichzeitiger Verzerrung durch eventuelle Fehleinschätzungen. Eine adäquate Lösung für diese Aufgaben liefert die Intelligente Videoanalyse. Im Bereich Einzelhandel ist sie allerdings besser bekannt unter der Bezeichnung „Business Intelligence".

Business Intelligence ist hier eine Kombination aus Warenwirtschaftssystem unter Verwendung der klassischen Scanner-Kassendaten, Sensoren wie RFID und der Intelligenten Videoanalyse. Der ganzheitliche Ansatz ist innovativ: Die Kombination der Systeme ermöglicht nämlich nicht nur die zeitliche Verfolgung der Warenstandorte, Information über Abverkauf und die Sicherung der Ware. Sie ermöglicht auch eine optimierte Positionierung, indem sie die Interessen und Bedürfnisse des Kunden besser erfasst und misst.

4.3.1
Parkplatz

4.3.1.1 **Problem Dauerparker**

Bevor wir näher auf Business Intelligence eingehen, kommen wir zum Erstkontakt mit dem Kunden und dieser beginnt nicht im Laden, sondern auf dem Parkplatz. Hier können Sie mehr über Ihre Kunden erfahren als Sie denken.

Intelligente Videoanalyse ermöglicht es, Kunden von Nichtkunden zu unterscheiden. Wie geht das? Das Auto gibt uns die Information über die Verweildauer, und diese ist nicht immer erfreulich für den Einzelhändler. Obwohl in der Vergangenheit Einzelhandelsflächen in Gewerbegebiete auf die „Grüne Wiese" verlagert wurden, gibt es oft dasselbe Problem wie in den Innenstädten: Parkplatzmangel. Da kommt ein freier und kostenloser Parkplatz am Morgen genau richtig, auch wenn er ein Kundenparkplatz des nächsten Einzelhändlers ist. Die Business-Parker und Nichtkundenparker werden bisher durch sehr aufwändige Arbeitsprozesse erfasst. Kontrollgänge und endlose Listen mit Kennzeichen und Tageszeiten sind nötig, bis der Abschleppdienst gerufen wird, was meist der Marktleiter übernimmt. Das kostet wertvolle Zeit und somit auch Geld. Intelligente Videoanalyse kann Fahrzeuge mit überdurchschnittlichen Parkzeiten anzeigen und die Daten vollautomatisch an den nächsten Abschleppdienst weiterleiten, sicher ein sehr hilfreiches Instrument (Abb. 4.23).

Darüber hinaus verrät uns der Kundenparkplatz mit Hilfe der Kennzeichenerkennung noch viel mehr:
- Aus welchen Gebieten kommen die Kunden?
- Für welche Region war die letzte Werbekampagne erfolgreich?
- Wo muss wieder mehr geworben werden?

Nicht zu vergessen ist, dass Intelligente Videoanalyse die Sicherheit gerade auf Parkplätzen von großer Einzelhandelszentren erhöhen und auffällige Personen an das ansässige Sicherheitsunternehmen melden kann (Abb. 4.24).

Abb. 4.23 Business-Parker wird detektiert. (Quelle: AxxonSoft).

Abb. 4.24 Herumlungernde Person auf dem Kundenparkplatz. (Quelle: Bosch).

4.3.2
Gebäudesicherung

Die klassischen Bereiche wie Warensicherung und Gebäudesicherheit werden leider immer wichtiger. Der Einzelhandel hat sich in den letzten zwei Jahrzehnten klar von der Innenstadt auf die Grüne Wiese verlagert. Der Standortvorteil an der stark frequentierten Autobahn beschert dem Einzelhandel bei günstigeren Mieten höhere und schnellere Umsätze bei Tag. Bei Nacht aber sind die klassischen Gewerbegebiete wie ausgestorben und ein beliebtes Objekt für Einbrecher.

4.3.2.1 Von Zäunen und „Bergsteigern"

Zäune und Wände sind schon lange kein Hindernis mehr für professionelle Einbrecher. Sie durchschneiden Zäune, fahren mit Lkw durch Garagentore und räumen blitzschnell einen Ausstellungsraum aus. Bis die Polizei vor Ort ist, sind sie schon lange über alle Berge. Eine Spezialistengruppe unter den Einbrechern erklimmt Dächer und seilt sich anschließend durch das zuvor aufgeschnittene Flachdach ab. Sie holen sich aus Unterhaltungselektronik-Märkten ganz gezielt die teuren Mobilfunk- und Navigationsgeräte und verschwinden anschließend wieder über das Dach. Dem Einzelhändler entstehen oft höhere Kosten durch das Nichtöffnen des Marktes nach dem Schadensfall und durch die Reparaturkosten als durch den eigentlichen Diebstahl.

Um die ungebetenen Gäste frühzeitig zu detektieren und rechtzeitig intervenieren zu können, empfehlen wir eine Kombination aus Intelligenter Videoanalyse und Wärmebildkamera. Bei der Verwendung herkömmlicher Kameras füh-

Abb. 4.25 Detektion von Eindringlingen mit der Wärmebildkamera in der Nacht. (Quelle: Flir).

ren die möglichen Störfaktoren wie zum Beispiel Lichtkegel von vorbeifahrenden Fahrzeugen, Spiegelungen in Wasserflächen, Spinnen vor der Kameralinse und starker Schneefall zu häufigen Fehlalarmen. Anders bei der Verwendung von Wärmebildkameras. Kein Dieb kann sich in der Dunkelheit unsichtbar machen und Störfaktoren wie Reflektionen spielen hier keine Rolle mehr (Abb. 4.25). Nur das Wesentliche wird visualisiert. Gekoppelt mit einer Intelligenten Videoanalysesoftware sind sie ein sehr effizientes Instrument, um Einbrecher frühzeitig zu entdecken.

4.3.3
Warensicherung von der Anlieferung bis zum Verkauf

Bestehende Überwachungssysteme und Strukturen, wie etwa vorhandene Überwachungskameras oder Server, können oftmals weiter genutzt werden. Warum nicht immer? Die Entwicklung von Soft- und Hardware geht, wie wir alle wissen, rasant voran. Ein Server, der bereits 2 bis 3 Jahre benutzt wird, mag für die existierende Software vollkommen ausreichend sein, hat für die Intelligente Videoanalyse aber nicht immer genug Performance.

Intelligente Videoanalyse ist sicher ein Segen für den Einzelhandel, auch wenn der eine oder andere dies noch nicht erkannt hat. Ein solches System kann das Produkt von der Anlieferung bis zur Kasse jederzeit verfolgen und auch sichern. Dies kann die Intelligente Videoanalyse nicht vollkommen alleine, sie benötigt die Kombination mit RFID oder „Simple Scannern", die die letzte Position der Ware vermerken und eine Intelligente Software, die diese sofort aufrufen kann. Außerhalb der Geschäftszeiten kann das System zur Überwachung der Räumlichkeiten genutzt werden. Bewegungen und Unregelmäßigkeiten können automatisch registriert und so zum Beispiel einem dezentralen Sicherheitsdienst gemeldet werden, damit dieser die Aktivität gezielt untersuchen und einordnen kann. Somit muss der Sicherheitsdienst nicht ständig die Videobilder aller Märkte im Auge haben – er kann sich auf die Alarmfälle beschränken.

4.3.4
Erpressung

Nicht nur Diebstahl erzeugt Ängste, es vergeht kaum ein Jahr, in dem nicht die Erpressung eines Lebensmittel-Einzelhandelkonzerns oder -herstellers vorkommt. Die Aufklärungsquote der Polizei ist bei Erpressungen glücklicherweise sehr hoch. Einigen Kriminellen gelingt jedoch, Lebensmittel mit einem Gift zu versetzen, die Ernsthaftigkeit der Erpressung damit zu unterstreichen und somit den Druck auf das Unternehmen zu erhöhen.

Wenn bekannt ist, welcher Warentyp manipuliert werden soll, kann die Warengruppe im Regal via Intelligente Videoanalyse gesichert und die Aufmerksamkeit des Sicherheitspersonals gezielt auf die Kontaktpersonen gelenkt werden. Bei bereits manipulierter Ware kann man den Täter schneller ausfindig machen, da eine gezielte Videosuche am Regal dieses Produktes vorgenommen werden kann. Somit ist die Suche nach dem Täter schneller, eher erfolgreich und die Sicherheit des Konsumenten höher.

4.3.5
Kasse oder Geldautomat?

Die Endstation eines Besuches beim Einzelhändler ist in der Regel der Kassenbereich. Hier wird die ausgewählte Ware vom Einkaufswagen auf das Band gelegt. Der Kassierer oder die Kassiererin scannt die Ware und kassiert den Kunden ab. Der Kunde zahlt bar, via EC- oder Kreditkarte und geht seines Weges. Häufig finden jedoch so genannten Familien- oder Freundschaftsgeschäfte statt. Sie sind sicherlich keine Einzelfälle oder Lappalien. Wir reden über Millionen, die pro Jahr in den Kassen fehlen. Wie ist das möglich und warum fällt das bei der Kassenabrechnung nicht gleich auf? Die Kasse bietet viele Möglichkeiten des verdeckten Betruges. Zum Beispiel kann dem Kunden ein zu hoher Rabatt gewährt werden, es wird eine andere, günstigere Waren abgerechnet, die Ware wird gar nicht eingescannt oder es wird Ware zurückgenommen, die nie gekauft wurde. Fakt ist, die Kasse wird von bestimmten Mitarbeitern und betrügerischen Kunden als Geldautomat benutzt, gezielt und sehr professionell. Kann der Arbeitgeber und Einzelhändler dem nichts anderes entgegensetzen als eine Armee von Detektiven? Doch, denn die Intelligente Videoanalyse, verknüpft mit einer gut ausgeklügelten Suchdatenbank, kann vielleicht nicht alle, aber sicher die meisten der genannten Fälle aufdecken (Abb. 4.26). Achten Sie bei der Auswahl der Systeme auf deren Fähigkeiten. Alle folgenden Punkte sollten mit dem Videosuchsystem verknüpft werden können:
- Rabatt
- Storno
- Rückgabe
- Stichworte
- Warennummern
- Datum und Uhrzeit

Abb. 4.26 Videoerfassung an der Kasse und Suchsystem. (Quelle: AxxonSoft).

Ein weiteres Einsatzgebiet an der Kasse ist die Detektion von so genannten Durchläufen, das sind Personen, die an nicht besetzten Kassen den Weg zum Ausgang suchen (Abb. 4.27). Auch kann das System eingesetzt werden, um die Schlangenbildung zu reduzieren, beziehungsweise, um die Wartezeiten an der Kasse messen zu können und eine weitere Kasse zu öffnen, bevor es Kundenbeschwerden gibt.

4.3.6
Personalmanagement

Darüber hinaus kann die Intelligente Videoanalyse den effizienten Einsatz des Personals unterstützen. Ein großes Bedürfnis der Kunden ist eine qualitativ hochwertige Beratung, besonders beim Kauf von teuren Produkten. Man spricht von so genannten High-Involvement-Entscheidungen. Hier kann das System dadurch unterstützen, dass es eine Mitteilung an das Servicepersonal sendet, wenn ein Kunde aufgrund längerer Verweildauer vor einem Produkt als potentieller Käufer erkannt wird (Abb. 4.28).

Natürlich können anhand der Analysen Angestellte wie Kassenmitarbeiter, Sicherheitspersonal oder auch Reinigungspersonal zur richtigen Zeit an der richtigen Stelle eingesetzt werden. Hierdurch lässt sich mittel- bis langfristig eine bedarfsgerechte Personalplanung der verschiedenen Sparten und Abteilungen durchführen.

4.3.6.1 Service
Ausgelaufene Flüssigkeiten können im Supermarkt nicht nur sehr gefährlich sein, sondern je nach Flüssigkeit den Boden des Marktes in ein klebendes Inferno verwandeln. Bis das Personal Notiz hiervon nahm, war es früher oft zu spät.

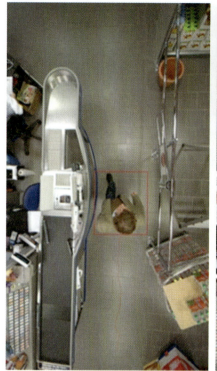 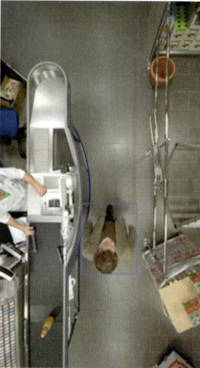

Abb. 4.27 Erfassung von Durchläufen. Eine Meldung wird nur bei nicht besetzter Kasse (links) ausgelöst. (Quelle: Studie Anstädt).

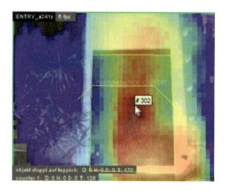

Abb. 4.28 Die Wärmebildanalyse informiert über die Verweildauer eines Kunden. (Quelle: Netavis).

Mit Intelligenter Videoanalyse können solche Vorkommnisse direkt an das Reinigungspersonal gemeldet werden und es kann frühzeitig interveniert werden, um weitere Verschmutzung und Ausrutschunfälle zu vermeiden (Abb. 4.29).

Bei einer solchen Analyse muss die Detektion sehr sensibel eingestellt sein und die Detektionsintervalle dürfen nicht zu kurz gewählt werden, da sich sonst

Abb. 4.29 Erkennung von ausgelaufener Flüssigkeit. (Quelle: Studie Anstädt).

Abb. 4.30 Umgestürzte Ware kann detektiert werden. (Quelle: Studie Anstädt).

die Gefahr einer überhöhten Fehlalarmquote ergibt. Es lohnt immer, diese Art von Detektion im Regalbereich von Glasflaschen einzusetzen.

Ein weiteres Anwendungsbeispiel ist die Ordnung in Regalen und Gängen. Es gibt typische Abteilungen, in denen Waren häufiger unsortiert sind als in anderen: Die Baby- und Kinderabteilungen, denn hier machen sich dann und wann die Kleinen bemerkbar. Das Personal kann bei aus dem Regal gefallenen Waren kurzfristig und vollautomatisch informiert werden (Abb. 4.30).

4.3.7
Marketing-Analyse

Die Einzelhandelsbranche entdeckt die neuen Möglichkeiten der Videoanalyse für den Bereich Marketing- und Kundenanalyse. Es können wertvolle Beobachtungsdaten generiert werden, die zur Werbewirksamkeitskontrolle, oder zur Organisierung der Display- und Regalanordnungen genutzt werden können. Das Einkaufsverhalten der Kunden kann sowohl zeitabhängig, beispielsweise zum Erforschen von Trends, als auch raumabhängig analysiert und verglichen werden. Die Vernetzung des Systems erlaubt es, Beobachtungsdaten verschiedener Filialen, beispielsweise für das Benchmarking (Vergleich der Preise, Waren, Dienstleistungen und Prozesse mit einem Standard) einzusetzen. So entsteht ein wertvolles Koordinations- und Kontrollinstrument. Außerdem ist es auf der Grundlage der gewonnenen Daten möglich, Absatzrückgänge bestimmter Produkte nachzuvollziehen und Ursachen zu finden, um z. B. Hand in Hand mit dem Hersteller die Marketing-Instrumente abzustimmen.

Hierzu ein kurzes Beispiel: Ein neues Produkt wird mit großem Aufwand durch eine Werbekampagne dem Markt präsentiert. Die Daten der Scanner-Kassen in der ersten Woche sagen aus, dass ein Absatz des neuen Produktes kaum stattgefunden hat. „Wo lag der Fehler? Was können wir besser machen?", fragt sich der Hersteller. „War die Werbekampagne ein Misserfolg?" Nein, mit der Intelligenten Videoanalyse konnte man nachweisen, dass in der ersten Woche ein regelrechter Kundenansturm stattgefunden hat, aber leider das Produkt nicht gekauft wurde. Somit können wir schon mal sagen, dass die Werbekampagne voll und ganz erfolgreich war und eine sehr gute Kundenansprache stattgefunden hat. Jetzt muss sich der Hersteller fragen, ob es das Produkt selbst oder der Preis ist, der den Kunden abgeschreckt hat. Zukünftig wird die Intelligente Videoanalyse in Kombination mit dem Warenwirtschaftsprogramm nicht mehr wegzudenken sein.

4.3.7.1 Zählung
Die Zählung von Kunden wird in der Regel im Eingangsbereich vorgenommen, um zum Beispiel die Zahl der Nichtkäufer von den Käufern unterscheiden zu können (Abb. 4.31).

Intelligente Videoanalyse kann auf zwei unterschiedliche Weisen zählen. Zum einen in einem Winkel von 45°. Die Vorteile sind, dass hierfür gewöhnliche Überwachungskameras genutzt werden können und die Gesichter der Kunden zu erkennen sind. Diese Methode kann Kosten sparen, da keine weiteren Kameras benötigt werden. Nachteil dieser 45°-Technik ist oft die Genauigkeit der Zählung. Anders mit der 90°-Überkopfzählung (Abb. 4.32 und 4.33): Hier wird eine Zuverlässigkeit bis zu 99% erzielt.

Beide Techniken sind für die Innenraumnutzung gut geeignet. Man sollte darauf achten, dass im Zählareal keine langen Schlagschatten entstehen können. Wenn dies nicht möglich sein sollte, achten Sie beim Kauf und bei der Planung des Zählsystems darauf, dass sich die Zählanalysesoftware nicht auf die Ober-

Abb. 4.31 Kundenzählung am Ladeneingang.

Abb. 4.32 Kundenzählung am Ladeneingang, Klassifizierung Mensch ohne und mit Einkaufswagen.
(Quelle: Studie Anstädt).

körper sondern ausschließlich auf die Köpfe konzentriert. Somit erhöht sich die Trefferquote.

4.3.7.2 Aufenthaltsdauer vor dem Produkt

Mit dem Einzug der Intelligenten Videoanalyse in den Einzelhandel eröffnen sich ganz neue Möglichkeiten für die fundierte und automatisierte Kundenanalyse.

Abb. 4.33 Kundenzählung. (Quelle: Netavis).

Abb. 4.34 Kunde vor dem Regal: Detektion eines Kunden, Erfassung der Aufenthaltsdauer und des Warenstandortes. (Quelle: Studie Anstädt).

Ein Instrument ist die Messung der Aufenthaltszeit eines Kunden vor einem Produkt im Markt (Abb. 4.34). Ist die Intelligente Videoanalyse zusätzlich mit dem Scanner-Kassensystem gekoppelt, das die Verkaufszahlen registriert, ist es möglich, das tatsächliche Kaufverhalten des Kunden zu erheben. Dies kann nützliche Informationen und vor allem schnelle Rückschlüsse für einen optimalen Marketing-Mix des Herstellers liefern, der somit höhere Umsätze erzielt.

Die Messdaten zur Verweildauer der Kunden (Abb. 4.35) an bestimmten Orten können mit Hilfe einer Filterfunktion organisiert werden. So kann beispiels-

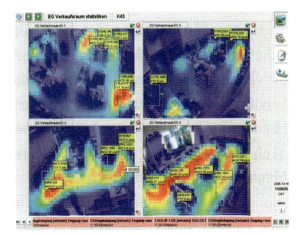

Abb. 4.35 Räumliche Erfassung der Kundenlaufwege und der Aufenthaltszeit bei einem Einzelhändler (hohe Betretungsfrequenz und lange Aufenthaltsdauer ist magenta-farbig markiert). (Quelle: Netavis).

Abb. 4.36 Ermittlung der Aufenthaltszeit vor dem Regal. (Quelle: Studie Anstädt).

weise die Anzahl der Kunden ermittelt werden, die sich länger als eine bestimmte Referenzzeit vor einem Produkt aufgehalten haben. Dies ermöglicht eine Werbewirksamkeitskontrolle in der Form, dass die Aufenthaltszeiten vor verschiedenen Displays vergleichend analysiert werden können (Abb. 4.36). Auf der Grundlage solcher Messungen können die Displays und ihre Positionierung effizienter gestaltet werden.

4.3.7.3 Kunden-Laufweganalyse

Vorab zur Kunden-Laufweganalyse ist zu sagen, dass es mit einer puren Videoanalyse noch nicht möglich ist, Kunden im Normalbetrieb vom Eintritt in den Laden bis zum Ausgang lückenlos und vollautomatisch zu verfolgen und das Kaufverhalten zu registrieren. Verschiedenen Forschungsinstituten ist es in Studien zwar gelungen, Personen auf einem Kamerabild zu erkennen, mit einer Identifikationsnummer zu versehen und beides an eine nächste Kamera zu übergeben, aber dies sind nur erste Schritte. Von einem validen Marktforschungsinstrument ist die Methode noch weit entfernt (Abb. 4.37).

Dagegen ist es schon heute mit Hilfe der RFID-Technologie möglich, die Verfolgung eines Konsumenten vorzunehmen, wenn der Shop entsprechende Sender und Empfänger installiert hat, natürlich nur mit einem Probanden, der einen solchen RFID-Chip freiwillig mit sich trägt. Es ist heute möglich, den Kundenlaufweg eines bestimmten Areals zu visualisieren (Abb. 3.15).

Abb. 4.37 Kameraübergreifende Personenverfolgung. (Quelle: TU Graz).

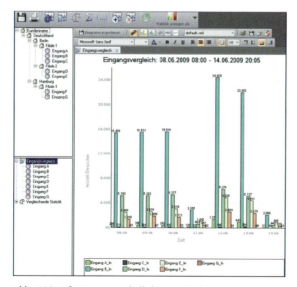

Abb. 4.38 Erfassungsprotokoll der Kundenfrequenz vor einem Produkt. (Quelle: Vis-à-pix).

Mit Hilfe der Intelligenten Videoanalyse können außerdem Erkenntnisse (Abb. 4.38) aus den Laufwegen gewonnen werden, um z. B. zu ermitteln, zu welchem Zeitpunkt bestimmte Kundengruppen sich in welchen Arealen aufhalten. Sie sind eine Grundlage für die Optimierung der Platzierung von Displays und Produkten. Ballungszonen oder werbewirksame Stellen können eruiert und zielgerichtet genutzt werden.

4.3.7.4 Flächenbewertung

Je nach Branchengruppe werden bestimmte Verkaufsflächen immer häufiger an so genannte Promotoren für verkaufsfördernde Maßnahmen der Hersteller vermietet. Mit der Frequenzmessung eines Videoanalysesystems können diese Marktflächen als A-, B- oder C-Lagen bewertet werden und die unterschiedlichen Budgets der Werber ansprechen.

4.3.7.5 Erkennung von Geschlechtern und Altersbestimmung

Ein Traum der Marketing- und Marktforschungsabteilungen ging in Erfüllung, als die Universität Illinois verkündete, dass einer ihrer Professoren eine Software entwickelt hat, die die Altersbestimmung einer Person via Videoanalyse vornehmen kann. Parallel hierzu wurde von einem anderen Hersteller eine Software vorgestellt, die das Geschlecht der Kunden bestimmen soll. Stehen auch dem Datenschützern die Haare zu Berge, so können doch bald mit diesen Hilfsmitteln die Produktvideos in den Shops zielgerichtet der optimalen Zielgruppe zum richtigen Zeitpunkt offeriert werden, um den Umsatz zu maximieren. Allerdings sind diese Produkte noch in einem sehr frühen Stadium der Entwicklung. Es braucht noch seine Zeit, da wir von einer derzeitigen Trefferquote von 50% sprechen. Pilotprojekte sind nötig, bevor die Marktreife erreicht ist.

4.3.7.6 Kostenkompensation durch Marketing

Der Wind in der Einzelhandelsbranche wird immer rauer und die immer weiter steigenden Inventurdifferenzen erreichen bei bekannten Einzelhandelskonzernen mittlerweile Beträge im dreistelligen Millionenbereich. Der Einzelhandel hat somit an vielen Fronten zu kämpfen. Ganz ohne Videoüberwachung ist es nicht möglich, die Sicherung der Waren im Bereich der Verkaufsflächen zu verbessern. Das Recht dazu räumt der Gesetzgeber dem Einzelhändler ein, auch wenn diese Tatsache oft die Gegenwehr der Betriebsräte hervorruft. Mit dem Thema Datenschutz werden wir uns separat in einem späteren Kapitel beschäftigen. Die Videoüberwachung ist sehr kostspielig für die Konzerne, aber dies kann sich mit der videobasierten Marketing-Analyse schon bald ändern. Wenn die Aufklärungsquote bei Diebstahl durch Intelligente Videoanalyse deutlich gesteigert werden kann, wird auch die Erhebung von Daten für das Marketing, welcheheute oft noch an externe Marktforschungsunternehmen vergeben wird, interessanter, denn sie kann mit der gleichen Technik erfolgen. Dadurch lassen sich eigene Kosten einsparen und der Bereich Intelligente Videoanalyse kann sich im Einzelhandel zu einem profitablen Geschäftsbereich entwickeln. Durch Business Intelligence wird die Erhebung sehr detaillierter Marktforschungsdaten möglich, die an die einzelnen Hersteller der im Shop angebotenen Waren verkauft werden können.

4.4
Banken

Das Bankenwesen hat Videoanalyse für sich entdeckt, da bestimmte Kontrollprozesse mit der traditionellen Technik nur bedingt oder gar nicht möglich sind. Dabei kommen immer neue Herausforderungen auf die Branche zu. Die organisierte Kriminalität und deren Akteure werden immer einfallsreicher und sind vom technologischen Standpunkt aus schon sehr weit: Selbst Experten können heute zum Beispiel einen echten Geldautomaten-Kartenleser von einem manipulierten kaum unterscheiden. Mit der klassischen Videoüberwachung kann man dieses Problem nicht beherrschen, da wir schon bei einem einzigen Finanzinstitut über Tausende oder gar Zehntausende von Geldautomaten sprechen. Diese allein durch Wachpersonal beobachten zu lassen, ist schier unmöglich.

Laut Gartner Inc. wurden 2007 über 2,5 Milliarden Euro Schaden weltweit durch Manipulation an Geldautomaten verursacht. Das klingt im ersten Moment für die Finanzinstitute nicht allzu beängstigend. Doch wenn wir die Steigerungsrate von 500 bis 1000% im Jahr bedenken, sehen die Versicherer eine große Gefährdung und könnten mit teureren Versicherungspolicen reagieren, die die Banken direkt zu spüren bekommen. Auch dem Vertrauen des Bankkunden in die Verlässlichkeit der Automaten – und somit auch in die Zuverlässigkeit der Bank – ist Rechnung zu tragen. Das gilt umso mehr angesichts der Umstrukturierung vieler Banken. Künftig wird es weniger Bankschalter und eher mehr als weniger Bankautomaten geben.

4.4.1
Gebäudeschutz Tag und Nacht

Die Gebäudesicherheit steht Tag und Nacht im Mittelpunkt. Hauptaufgabe ist es, unbefugte Eindringlinge vom Bankgebäude fernzuhalten. Natürlich gibt es Zäune, dicke Panzertüren und Schlösser, die schwer zu knacken sind – hier hat die Industrie schon ganze Arbeit geleistet, doch gibt es immer wieder Sicherheitslücken. Bei Tage sind viele Sicherheitssysteme nicht scharf geschaltet und wir Menschen lassen, leider nicht immer ganz freiwillig, weitere Lücken zu. Sie sind in Kombination mit Intelligenter Videoanalyse besser zu schließen. An Hintereingängen von Filialen kann Intelligente Videoanalyse vor auflauernden Personen warnen (Abb. 4.39). In Kombination mit einem Zugangskontrollsys-

Abb. 4.39 Wartende Person vor dem Hintereingang. (Quelle: Bosch).

tem erhöht dies nicht nur die Sicherheit der Bank, sondern auch die ihrer Mitarbeiter.

Natürlich werden auch in der Nacht Personen und Fahrzeuge detektiert, die sich vor dem Gebäude aufhalten. Die Intelligente Videoanalyse kann das Wachpersonal schnell darauf aufmerksam machen. Bankgebäude stehen leider nicht immer im freien Gelände, ganz im Gegenteil. Einbrecher bahnen sich nicht selten den Weg über das Dach von Nachbargebäuden und lassen sich durch Dachzäune nicht abhalten. Hier bietet sich eine Intelligente Videoanalyse an, die Menschen von Tieren unterscheidet, um die Fehlalarmquote zu reduzieren und nicht Vögel und Katzen zu detektieren.

4.4.2
Geldautomaten im 24-Stundenbereich

Die Sicherung des 24 Stunden lang zugänglichen Kundenbereichs mit Geld- oder Kontoautomaten birgt viele Aufgaben. Bei Tag und Nacht, innen und außen schlummern Gefahren für die Bank und ihre Kunden. Im Vorgehen der Kriminellen gibt es deutliche regionale Unterschiede. Im Süden Europas werden Geldautomaten oft rabiat mit Gasflaschen gesprengt, wobei schon halbe Bankfilialen in Sekundenschnelle in Schutt und Asche gelegt wurden. In Mitteleuropa nimmt man die Dosierung vorsichtiger vor. Im Norden Europas wird es aufgrund des einfacheren Zugangs zu Dynamit wieder gefährlicher. Zwar haben sich die Geldautomatenhersteller einiges einfallen lassen, um geraubtes Geld zu entwerten, die Panzerknacker-Methoden haben aber noch nicht aufgehört. Die meisten Übergriffe finden in der Nacht statt, es befinden sich Fahrzeuge in unmittelbarer Nähe und es gibt diverse weitere Möglichkeiten, z. B. die Objektanalyse, die Rückschlüsse liefern können. Intelligente Videoanalyse kann den Wachdienst frühzeitig auf eventuelle Unregelmäßigkeiten hinweisen.

4.4.2.1 Manipulation an Geldautomaten

Die Manipulation von Geldautomaten kann sehr vielfältig sein. Für einen technisch begabten Menschen ist es fast ein Kinderspiel, sich am Geldautomaten unrechtmäßig zu bedienen. Die klassischen Angriffspunkte sind die Geldausgeber und die Kartenleser. Oft wird von Kriminellen eine Funkkamera zur Ausspähung platziert, die Tastatur wird ausgetauscht und ein falscher Kartenleser wird installiert. Intelligente Videoanalyse kann den Geldautomaten vor Manipulation schützen. Eine simple Schlüsselloch-Kamera und der richtige Analyse-Algorithmus reichen schon aus, um im Notfall das Terminal automatisch herunterzufahren und dadurch die unberechtigte Geldentnahme zu verhindern (Abb. 4.40).

Weitere mögliche Anwendungsbereiche vor dem Geldautomaten durch die Intelligente Videoanalyse:
- Automatische Hinweisvorrichtung zur Wahrung des Abstandes der Personen in einer Warteschlange
- Alarmierung, wenn Personen auf dem Boden liegen
- Erkennung und Vereitelung eines Übergriffs auf Kunden am Geldautomaten
- Detektion von Vandalismus und Verschmutzung.

Wichtig ist, dass die Software annähernd fehlerfrei arbeitet, denn wenn wir über Zehntausende von Geldautomaten sprechen, können bereits wenige Fehlalarme die Wachzentralen zum Kollabieren bringen.

4.4.2.2 Liegende Personen

Werden liegende Personen detektiert, so könnte es sich um erkrankte oder überfallene Kunden handeln. Speziell in den Wintermonaten lassen sich aber gelegentlich auch Landstreicher in den Foyers der Banken häuslich nieder. Videoanalyse kann solche Vorkommnisse oder die Hinterlassenschaften ungebetener Gäste recht leicht detektieren und an die Wachzentrale melden.

Abb. 4.40 Detektion eines falschen Kartenlesers und einer Ausspähungs-Kamera (rechts).

Abb. 4.41 Herumlungernde Person vor dem Geldautomaten. (Quelle: Bosch).

4.4.2.3 Übergriffe

Übergriffe auf Kunden lassen sich nur schwer direkt erkennen. Es gibt aber Anbieter, die aufgrund gewisser Erfahrungswerte spezielle Verhaltensweisen und festgelegte Aufenthaltszeiten in abgegrenzten Bereichen definieren, so dass bei Eintritt einer potenziellen Gefahr alarmiert werden kann. Dies ist sowohl im Innen- als auch im Außenbereich vor den Geldautomaten möglich (Abb. 4.41).

4.4.3 Filialenschutz

Das Herz einer Bankfiliale ist die so genannte Schalterhalle. Hier befinden sich außer den Beratungs- auch die Geldausgabeplätze. Durch den Einsatz von Geldausgabemaschinen sind diese bereits sicherer geworden, eine Garantie gegen Überfall bieten sie jedoch nicht.

Intelligente Videoanalyse kann hier vielfach hilfreich sein. Eine Echtzeitanalyse kann im Zweifelsfall und mit dem richtigen Management der Software liegende Personen detektieren und somit vollautomatisch Alarme weiterleiten und parallel hierzu, wie von der UVV[1]-Kassen-Zertifizierung gefordert, Alarme oder Voralarme an der richtigen Stelle abspeichern. Wenn man diese Möglichkeiten der intelligenten Detektion und Alarmierung kennt, ist die Reformierung der UVV-Kassen-Zertifizierung, welche die Intelligente Videoanalyse berücksichtigt, auch – oder gerade – im Sinne der Mitarbeiter ein Muss.

---

[1] Unfallverhütungsvorschriften.

4.4.4
Geldzählkontrolle

Ein bereits gängiges Einsatzgebiet der Videoüberwachung ist die Kontrolle der Geldzählprozesse. Es gibt unterschiedliche Videoaufzeichnungsmodi, die vollautomatisch gesteuert und im Videoarchiv mit Markierungen bzw. Suchbegriffen hinterlegt werden können. So lassen sich der Start und das Ende der Zählaktivität festhalten und eine höhere Bildrate oder eine höhere Auflösung für die Dauer der Zählung einstellen.

4.4.5
Marketing-Analysen und Werbewirksamkeitskontrolle

Darüber hinaus rücken auch für Banken Analysen zum Kundenverhalten zu Zwecken des Marketing und der Personalplanung in den Vordergrund. Der Kunde und seine Reaktionen kann studiert und daraus resultierend die Kundenansprache perfektioniert werden. Die Analyse der Laufwege und die Verweildauer kann viel über ein neues Kundenangebot oder Display erzählen: Spricht es die Kunden an und greifen diese interessiert in den Prospekthalter oder wird es vollkommen ignoriert und muss in Kürze ausgetauscht werden? Hier kann viel Geld und Zeit für unnütze Werbemaßnahmen gespart werden.

Wie kann die Kundenzufriedenheit durch den Einsatz der Intelligenten Videoanalyse erhöht werden? Wir alle möchten unsere Zeit nicht in Warteschlangen verbringen. Eine Kundenzählung (Abb. 4.42) kann in der Filiale schon heute mühelos installiert werden, und durch die Kombination mit einem Personalinformationsdienst ist es ohne Weiteres möglich, die Wartezeit der Kunden zu reduzieren.

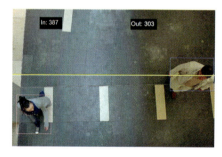

Abb. 4.42 Bankkundenzählung.

4.5
Autobahn- und Stadtverkehr

Im Bereich Transport und Logistik, d. h. auf der Schiene, zu Wasser, auf unseren Autobahnen und in den Städten ist bereits Intelligente Videoanalyse im Einsatz. Der Verkehr auf den Autobahnen ist eine besonders anspruchsvolle Aufgabe. Auf den ersten Blick scheint die Überwachung vor allem während der Stoßzeiten geradezu unmöglich zu sein. Die Kameras müssen rund um die Uhr auf maximale Aktivität eingestellt sein, denn auch bei geringem Verkehrsaufkommen ist die Überwachung wichtig – man denke nur an Pkw-Rennen, die möglichst verhindert werden sollen. Da Menschen nur vergleichsweise kurze Zeit in der Lage sind, bei der Videoüberwachung aufmerksam und konzentriert zu sein, ist die Sicherheit der Autobahnen mit einer effizienten Videoanalyse besser gewährleistet.

Die VZH (Verkehrszentrale Hessen) ist hier mit Sicherheit ein Vorreiter. Als Innovationsförderer beschäftigt sie sich mittlerweile schon seit Jahren mit Intelligenter Videoanalyse. Im Fokus der VZH steht unter anderem die Reduzierung von Staus und die Vermeidung von Unfällen durch auf dem Seitenstreifen stehende Fahrzeuge oder Gegenstände wie zum Beispiel Autoteile. Mit viel Aufwand wurden bereits Tests durchgeführt, die die Exaktheit und Tauglichkeit der Videoanalyse auf der Autobahn darlegen sollen. Aber es wurden auch Grenzen sichtbar gemacht. An den Methoden müssen sowohl Software-Entwickler als auch Verkehrsplaner noch feilen.

4.5.1
Geschwindigkeit

Es gibt spezielle Geschwindigkeits-Messsysteme, die einen sehr hohen Grad an Exaktheit erreichen und andere, die Durchschnittsgeschwindigkeiten liefern (Abb. 4.43 und 4.44). Beide haben ihre Berechtigung. Um Geschwindigkeits-Überschreitungen rechtlich zu untermauern, ist eine exakte Messung wichtig. Für Navigationssysteme und Verkehrsleitstellen, die Informationen zu zäh fließendem Verkehr benötigen und Daten über Funk, Internet oder direkte Übertragung erhalten, sind Durchschnittsmessungen ausreichend.

4.5.2
Kennzeichenerkennung

Kennzeichenerkennungssysteme sind bereits sehr ausgereift (Abb. 4.45) und können in Kombination mit einer gut strukturierten Datenbank vielfältig nützlich sein:
- für schnelle polizeiliche Ermittlungen
- zum Auffinden von gestohlenen Fahrzeugen
- zur Erkennung von Fahrzeugen, deren Versicherungs-Schutz erloschen oder deren TÜV abgelaufen ist

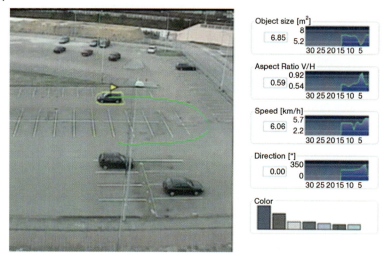

Abb. 4.43 Geschwindigkeitsmessung eines Fahrzeuges. (Quelle: Bosch).

Abb. 4.44 Durchschnittgeschwindigkeits-Analyse und Messung der Fahrzeugfrequenz zweier Verkehrsflüsse: eingehender und ausgehender Stadtverkehr. (Quelle: AxxonSoft).

- in Kombination von Kennzeichenerkennung mit der Erhebung von Start- und Endzeiten beim Durchfahren bestimmter Streckenabschnitte kann eine Geschwindigkeitsüberschreitung über lange Strecken ermittelt werden.

Die letztgenannte Form der Datenerfassung und Verarbeitung ist allerdings aus datenschutzrechtlichen Gründen nicht in allen Ländern erlaubt. Kennzeichenerkennungssysteme beherrschen eine Vielzahl von Alphabeten, Schriftarten und Farben. Aber es gibt technische Limitierungen. Viele Systeme können die

4.5 Autobahn- und Stadtverkehr | 103

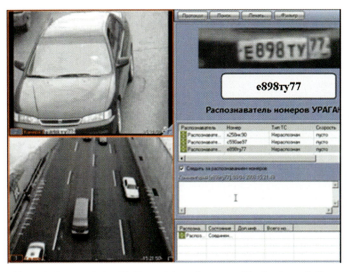

Abb. 4.45 Automatische Kfz-Kennzeichenerkennung. (Quelle: AxxonSoft).

Kennzeichen von Fahrzeugen mit einer Geschwindigkeit von über 180 km/h nicht mehr erfassen.

4.5.3
Zählen, Prognosen, Verkehrsautomation

Parallel zu den klassischen Überwachungsprozessen lassen sich auch Statistiken und Prognosen von Intelligenten Videoanalysesystemen erstellen, um zum Beispiel:
- in potentiellen Unfallzonen automatisch in prognostizierten Tages- und Gefahrenzeitfenstern die Fahrgeschwindigkeit zu steuern
- Seitenstreifen vollautomatisch nach Sicherheits-Check zu öffnen und zu schließen
- Prognosen für Reparatur-, Service- und Wartungsintervalle von Fahrstreifen, Brücken und anderen Autobahnteilen zu erstellen.

Somit können Gefahren verringert und frühzeitig Budgets und Personal nach dem tatsächlichen Bedarf geplant werden.

4.5.4
Klassifizierung von Fahrzeugen und mehr

Intelligente Videoanalyse macht hier deutliche Unterschiede und setzt sich klar von den klassischen Bewegungs- und Zählsystemen ab. Verkehrszentralen und Verkehrsministerien sind an der Unterscheidung der Nutzergruppen von Autobahnen und Landstraßen sicher interessiert, z. B. für Mautprognosen. Erkennen

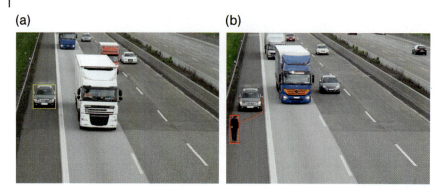

Abb. 4.46 a: Fahrzeug und b: Person (rechts) wird auf dem Seitenstreifen klassifiziert.

zu können, ob sich auf einer Autobahn ein Mensch oder ein Tier aufhält, ist ein Quantensprung für die Sicherheit (Abb. 4.46).

Ausgereifte Videoanalysesysteme können bereits heute schon Motorräder, Pkw und Lkw unterscheiden. Es gibt sogar Analyse-Anbieter, die behaupten, Lastkraftwagen von Bussen unterscheiden zu können, was eine sehr große Herausforderung ist und sicher nur bei optimalen Verhältnissen möglich sein wird.

4.5.5 Staus und Geisterfahrer

Stauerkennung klingt recht einfach. Wozu brauchen wir da ein Intelligentes Videoanalysesystem? Wenn wir über Verkehrsüberwachung via Video sprechen und sich eine Verkehrszentrale hierfür entschieden hat, handelt es sich meist um 100 und mehr Kameras, die beteiligt sind. Diese senden Videodaten zu einer Zentrale und wir kommen zu bekannten Frage: „Wie groß muss eine Monitorwand sein, wenn 100 Kameras verwaltet werden müssen? Wie viele Mitarbeiter sind nötig, um diese Kameras zu überwachen?" Kein Mensch und auch keine Überwachungstruppe üblicher Größe kann diese Datenflut ohne Intelligente Videoanalyse im Griff haben. Intelligente Videoanalyse kann Staus und zäh fließenden Verkehr erkennen (Abb. 4.47 und 4.48). Warnungen können schneller ausgesprochen und Umleitungen schneller ausgewiesen werden.

Das Thema Geisterfahrer wird uns wahrscheinlich so lange beschäftigen wie Menschen ohne Intervention von externen Kontrollsystemen auf unseren Straßen fahren dürfen. Intelligente Videoanalyse leistet zur Warnung vor Geisterfahrern schon heute einen sehr guten Beitrag. Vielfach und mit sehr guten Ergebnissen ist diese Technik sowohl auf Autobahnen als auch im innerstädtischen Bereich im Einsatz (Abb. 4.49). Die größte Sicherheit ließe sich erreichen, wenn man Intelligente Videoanalyse-Kameras direkt an den Auf- und Ausfahrten der Autobahnen und Schnellstraßen installiert, um das Schlimmste zu verhindern und sofort intervenieren zu können.

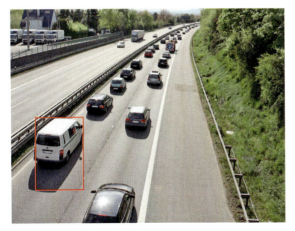

Abb. 4.47 Stauerkennung.

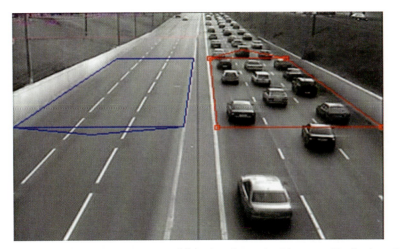

Abb. 4.48 Erkennung eines Staus und der Fahrtrichtung der Fahrzeuge. (Quelle: AxxonSoft).

4.5.6
Unfälle

Ob auf der Autobahn, im Tunnel oder in der Stadt: Eine schnelle und vollautomatische Detektion von Unfällen kann zum einen Leitstellen und Rettungseinheiten frühzeitig alarmieren und somit Leben retten (Abb. 4.50). Aber auch Polizei und Abschleppdienste können unmittelbar beauftragt werden, den Verkehr zu regeln und die Fahrbahn von Barrieren zu befreien. Wenn es datenschutzrechtlich erlaubt wäre, könnte man anhand der aufgezeichneten Videodaten einen Unfall schnell und vollständig aufklären. Das würde gigantische Kosten und Zeit von Polizei, Gerichten und Versicherungen einsparen.

Abb. 4.49 Detektion eines Falschfahrers nach Überfahren einer definierten Linie. (Quelle: Bosch).

Abb. 4.50 Erkennung eines Unfalls. (Quelle: AxxonSoft).

4.5.7
Gegenstände

Gegenstände auf der Autobahn können zu Katastrophen führen. Am häufigsten sind unter den beteiligten Gegenständen stehengelassene Warndreiecke (Abb. 4.51) und Pylonen, verlorene Reifen (Abb. 4.52), Radkappen und Reifenreste, Kühltaschen, Fußmatten und Steine oder heruntergefallene Ware. Nicht immer stellen solche Gegenstände eine direkte Gefahr dar, führen aber oft zu einem

Abb. 4.51 Ein vergessenes Warndreieck wurde detektiert.

Abb. 4.52 Liegengebliebener Autoreifen auf dem Seitenstreifen.

gehörigen Schreckmoment. Die Verkehrszentrale Hessen hat bereits Tests auf Autobahnen durchgeführt.

Gegenstände mit einem Abstand zur Kamera von 50 m, 75 m und auch 100 m konnten detektiert werden. Bei einer Entfernung von 50 m wurden 5 von 8, bei 75 m 3 von 8 und bei 100 m Entfernung einer von 3 Gegenständen erkannt. Die Trefferquote wurde mit zunehmender Entfernung also geringer, 100 % wurde nie erreicht. Sicher ließe sich das Ergebnis durch die Optimierung der Algorithmen verbessern, doch würde sich die Trefferquote bei schlechten Wetterbedingungen wie Regen oder Schnee auch verschlechtern. Man kann davon ausgehen, dass sich bei Dämmerung oder in der Nacht die Detektionswerte ebenfalls verschlechtern, je nachdem welche Kamera bzw. welches Infrarotsystems eingesetzt wird. Trotz der Limitierungen ist ein solches System ein klarer Gewinn. Wenn wir uns auf einen durchschnittlichen Detektionswert von 50% einigen, wäre die Intelligente Videoanalyse einem menschlicher Beobachter in einer Überwachungszentrale bereits jetzt deutlich überlegen – wenn man zufällige Entdeckungen unberücksichtigt lässt. Das heißt, dass man mit Intelligenter Videoanalyse die Sicherheit erheblich erhöhen kann.

4.5.8
Seitenstreifen: Parken oder Panne

Der Seitenstreifen wird immer wichtiger, um den Verkehr auf den Autobahnen zu den Stoßzeiten, an Feier- und Urlaubstagen zu entlasten. Er wird in diesen Zeiten für den Verkehr freigegeben. Dabei ist es besonders wichtig – unter Umständen sogar lebenswichtig, dass dieser auch wirklich frei ist, da es sonst zu schwersten Auffahrunfällen kommen kann. Intelligente Analyse beugt dem vor und detektiert Fahrzeuge (Abb. 4.53, 4.54, 4.55 und 4.56) und Personen (Abb. 4.57).

4.5.9
Brücken: Herausforderung und Grenzen

Die bekannteste Bedrohung auf Brücken sind Steinewerfer (Abb. 4.58), die schon viele Menschen in Angst und Schrecken versetzt und schon schwere Unfällen verursacht haben. In Europa wird dieser Problematik zum Glück Rechnung getragen. Mehr und mehr Kameras werden auf Brücken installiert. Intelligente Algorithmen können Menschen mit bestimmten Verhaltensmustern detektieren (auf Brücken stehende Personen) und der Verkehrszentrale melden, um diese zu einer frühzeitigen Prüfung der Szene zu veranlassen. Aber um Missverständnissen vorzubeugen: Uns ist noch kein System bekannt, dass Menschen mit Steinen in der Hand erkennen kann.

Abb. 4.53 Ein parkendes Fahrzeug wurde in der roten Analysezone erkannt. (Quelle: Bosch).

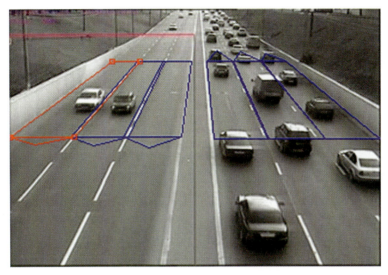

Abb. 4.54 Detektion eines stehenden Fahrzeug (rot umrandet). (Quelle: AxxonSoft).

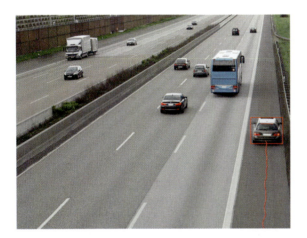

Abb. 4.55 Parkendes Fahrzeug auf dem Seitenstreifen.

Gefährlich auf Brücken ist der mögliche Wechsel der Witterungsverhältnisse. Plötzlicher Starkwind, Nebel oder Glatteis können die Lenkung eines Fahrzeugs auf der Brücke unberechenbar machen. Es gibt schon die ersten Algorithmen, die Nebel und Glätte detektieren. Aber auch Tiere rücken in den Fokus der Autobahnbehörden. Herannahende Vögel, die gefährdet sind, gegen Brückenglaswände zu fliegen, können über visuelle Signale gewarnt werden. Videoanalyse steht hier zwar noch am Anfang, wird aber zukünftig sicher einen Beitrag zu mehr Sicherheit leisten können.

Abb. 4.56 Stauerkennung auf dem Seitenstreifen.

Abb. 4.57 Person auf den Seitenstreifen. (Quelle: Bosch).

Abb. 4.58 Detektion eines Steinewerfers.

Mögliche Einsatzgebiete der Intelligenten Videoanalyse auf Brücken:
- Wind, Nebel, Regen, Schnee und Glatteis
- Verkehrsfluss
- Sicherheit
- Tierschutz

4.5.10
Tunnels

Wir alle kennen die Bilder von vollkommen ausgebrannten Fahrzeugen in einem Tunnel. Eine Verkettung von unglücklichen Umständen, die auf der freien Autobahn keine größere Gefahr darstellen würde, kann in einem Tunnel zu einer lebensbedrohlichen Katastrophe führen. Barrikaden durch Fahrzeuge und Menschen, verwirrte Fahrer, die rückwärts im Tunnel fahren und der Supergau Feuer sind schon vorgekommen. Erfahrene Feuerwehrleute wissen, dass Bergungen und Brandbekämpfung im Tunnel zu den gefährlichsten Einsätzen überhaupt zählen. Endlich ist der gesellschaftliche und politische Druck so groß, dass alte Tunnelanlagen saniert werden und neue Tunnels wesentlich höheren Sicherheitsanforderungen genügen müssen. Für die Intelligente Videoanalyse gibt es eine Vielzahl von unterschiedlichen Aufgaben:

Detektion von
- stehenden Autos (Stau, Panne oder Unfall, Abb. 4.59)
- Geisterfahrern
- Menschen (Abb. 2.28)
- Brand und Rauch (Abb. 3.20).

In jedem Tunnel herrschen andere Lichtverhältnisse und Perspektiven, mit denen der Algorithmus umgehen können muss. Die Programmierer müssen Hard- und Software jeweils neu anpassen, um gute Resultate zu erzielen. Aus unserer Erfahrung hört das niemand gerne, da der Kunde ein fertiges System für ein Projekt einkaufen will und nicht noch teure Programmierkosten zahlen möchte. Eine hoch entwickelte Technologie gibt es jedoch nicht zum Discounter-Preis. Ein weiterer Punkt, der sicherlich problematisch sein kann, ist die Spezialisierung der Hersteller von intelligenten Videoalgorithmen. Jemand der sich zum Beispiel

Abb. 4.59 Detektion eines stehenden Fahrzeugs im Tunnel. (Quelle: Geutebrück).

Abb. 4.60 Wärmebilddetektion eines Autos und eines Menschen. (Quelle: Flir).

auf die Klassifikation und Detektion von Menschen und Objekten spezialisiert hat, wird mit aller Wahrscheinlichkeit keine oder schlechtere Rauch- und Feuerdetektoren haben. Das heißt für den Kunden oder Planer entweder zwei separate Systeme zu kaufen oder ein System, das das andere in seine Software integriert hat.

4.6
Grenzen und Hürden

Trotz der vielen positiven Eigenschaften der Intelligenten Videoanalyse, der großen Unterstützung der Mitarbeiter in den Verkehrszentralen und der bereits geschaffenen größeren Sicherheit auf unseren Straßen sollte man die technischen Grenzen und Hürden nicht vergessen.

Das Wetter (Regen, Schnee und Nebel) kann die Intelligente Videoanalyse im Extremfall unmöglich machen. Die zweite, eher technische Hürde ist die Entfernung zur Kamera. Es müssten mit der derzeit zur Verfügung stehenden Hardware je nach dem, was detektiert werden soll, Kameras im Abstand von 100 bis 150 Metern aufgestellt werden. Nicht zu vergessen ist das hierfür nötige Kabelnetzwerk, das erst noch installiert werden muss.

Ein Teil der Probleme ließe sich durch die Kombination der Intelligenten Videoanalyse mit Wärmebildkameras lösen (Abb. 4.60). Die Wärmebildkamera liefert auswertbare Bilddaten Tag und Nacht und das, wenn gewünscht, je nach Kamera-Modell auch kilometerweit.

5
Installations- und Planungshilfe

Die Autoren dieses Buches haben mit insgesamt weit über 200 Installationen, von der 4-Kamera-Autohausinstallation bis zu Installationen mit mehreren hundert Kameras, den nötigen Erfahrungsschatz, um „aus dem Nähkästchen" zu plaudern. Auf den nächsten Seiten werden wir daher anhand echter Praxisbeispiele, den jeweiligen Funktionen der Algorithmen zugeordnet, die zunächst etwas theoretischen Ansätze mit Leben füllen. Die aufgezeigten Tipps sind dabei nicht etwa wissenschaftlich untermauert, sondern schlicht und einfach praxiserprobt.

5.1
Technische Vorbemerkungen

Bevor man sich in die Praxis stürzt, darf ein wenig theoretisches Grundwissen nicht fehlen. Zunächst werden wir auf gängige technische Begriffe und Abkürzungen hinweisen. Im darauffolgenden Abschnitt durchlaufen wir die Historie zum besseren Verständnis der derzeitigen Entwicklungen. Schließlich wird die aktuelle Situation beleuchtet, natürlich nicht ohne den Versuch, zukünftige Entwicklungen vorauszusehen. „Ohne Theorie nützt die beste Technik nichts!", hat einmal ein weiser Techniker gesagt. Befolgen wir seinen Rat.

5.1.1
IT und IP

Ein Buchstabe Unterschied und viele Gemeinsamkeiten. Heute kann man die Kamerasignale über Netzwerke senden, statt wie lange Jahre über Videokabel (z. B. RG-59). Die Vorteile: Verfügbarkeit des Videosignals nahezu überall, einfachstes Verteilen ohne zusätzlichen Verkabelungsaufwand, ein Kabel für alles (Video, Audio, Steuerung, Strom). Die Aufzählung ließe sich noch fortführen. Damit diese Signale über ihren „neuen", den Netzwerk-Weg, gehen können, benötigt man Fachkenntnisse dieses Übertragungsweges. Den bietet normalerweise die IT-Abteilung im Unternehmen. Ist das Unternehmen klein, benötigt es einen Fachmann im Bereich IT. IT steht für „Informationstechnik" und um-

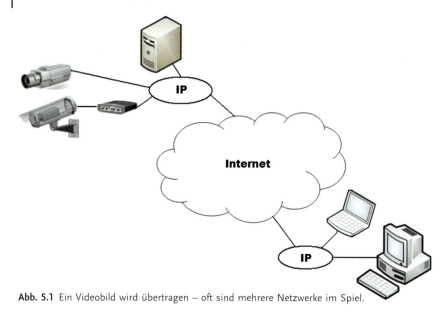

Abb. 5.1 Ein Videobild wird übertragen – oft sind mehrere Netzwerke im Spiel.

fasst das weite Feld der Hard- und Software im Bereich Nachrichten-, Übertragungstechnik und Datenverarbeitung. Der ganze Prozess vom Erstellen des Videobildes bis zur Darstellung und Aufzeichnung ist heute ein Prozess, der komplett über Hard- und Software der Informationstechnik abgebildet wird.

Das kleine Netzwerk in Abbildung 5.1 verbindet über IP eine Netzwerkkamera (oben links) und eine analoge Kamera (über einen Videoserver) mit dem Videoserver, der hier als Rechner (beige) dargestellt ist. Dort könnten z. B. Managementaufgaben durchgeführt werden, wie z. B. Nutzerzuweisung oder Aufzeichnung. Über weitere Netzwerke, u. U. sogar über das Internet, gelangen die Videobilder dorthin, wo sie betrachtet werden.

Das Videobild wird also durch eine Anzahl Netzwerke, bestehend aus diversen weiteren Geräten wie Switches (englisch: Schalter) und Router (englisch: Vermittlungsknoten) sowie Server (Rechner mit Spezialaufgaben) geschickt, bis es schließlich durch eine Software auf einem Monitor zur Anzeige gebracht wird. All diese beteiligten Komponenten sind das tägliche Handwerkszeug der IT.

Wer nur ein Bild einer einzigen Kamera auf seinem PC sehen möchte, spart sich zwar die komplette IT-Kette, muss aber, damit er das Bild seiner Kamera auf dem PC sehen kann, in den so genannten „Netzwerkeinstellungen" einige Anpassungen vornehmen. Ausnahmslos alle Kamerahersteller geben aber stets an, was genau zu tun ist. Und jeder, der das schon mal getan hat, weiß, dass er die so genannten IP-Einstellungen verändern muss. IP steht für „Internet Protocol". Dieses Protokoll dient dem Verständnis aller Beteiligten untereinander innerhalb der Informationskette. In unserem Beispiel 5.1 sind das alle Komponenten von der Kamera bis zum Aufzeichnungsgerät, selbst die Software, die auf Servern oder in Geräten läuft.

5.1.2
Firmware

Der Begriff „Firmware" begegnet uns auf fast allen Websites der Kamerahersteller. Es handelt sich dabei um nichts anderes als Software. Im Gegensatz zu der Software, mit der wir auf einem PC arbeiten können, läuft diese Software eingebettet in einem Gerät – zum Beispiel einer Kamera. Hinter dem häufigen Begriff „Firmware Upgrade" oder „Firmware Update" verbirgt sich eine Aktualisierung der vorhandenen Software in der Kamera. Mit solchen Upgrades bzw. Updates können nicht nur kleinere Fehler behoben werden (dann meist als Update bezeichnet), nicht selten kann eine Kamera in ihrer Funktionalität deutlich erweitert werden (Upgrade). So könnte ein Firmware Upgrade beispielsweise aus dem bisherigen Bewegungssensor einen Analysesensor machen. Statt einfacher Reaktion auf Pixelveränderung läuft nun ein Algorithmus in der Kamera. Von daher ist die Leistungssteigerung durch Firmware Upgrades nicht zu unterschätzen, bergen auf der anderen Seite aber auch das Risiko, dass das vorhandene System mit der neuen Software nicht mehr zusammenarbeiten kann.

Ein Beispiel: Eine erworbene Kamera unterstützt derzeit die MJPEG-Kompression. Der Hersteller verspricht in seinem Newsletter, durch ein Firmware Upgrade die Kamera MPEG-4-tauglich zu machen und die benötigte Netzwerk-Bandbreite bei gleicher Bildauflösung deutlich zu verringern. Klingt gut. Was aber, wenn die sich am Ende der Darstellungskette befindliche Software die MPEG-4-Kompression nicht dekomprimieren kann, die Kamera also nicht mehr „versteht"? Daher ist im Projektverlauf stets sämtlicher Firmware- und Softwarestand der beteiligten Komponenten zu dokumentieren und vor jeglicher Veränderung der Rat des Systemintegrators einzuholen.

5.1.3
MPEG-4/h.264

Kompressionsverfahren wie MPEG-4 dienen dazu, Daten so effizient wie möglich über unsere stets schmalen Netzwerkwege zu übertragen. Die Funktionsweise verschiedener Kompressionsarten wollen wir nicht vorstellen, aber anhand eines Beispiels einen Trick erläutern, mit dem Daten „eingespart" werden.

Stellen wir uns ein Live-Bild einer Kamera vor, welche im Innenbereich tagsüber kritische Vorgänge anzeigen soll. Nun wird es Nacht, alle Lichter in diesem Raum sind aus. Das Kamerabild zeigt unverändert Schwarz. Statt nun 25 Bilder pro Sekunde mit nutzlosen Informationen zu versenden, „schaut" sich ein solcher Komprimierungsalgorithmus nur noch nach Veränderungen um. In einem Schwarz-Bild gibt es keine Veränderungen, im Idealfall würden also erst wieder Daten übertragen, sobald Licht eingeschaltet wird. (Aus Sicherheitsgründen würden in der Praxis dennoch hin und wieder Bilder übertragen werden.)

Fälschlicherweise wird die Videokompressionstechnik „h.264" als eigene oder gar komplett neue Kompressionstechnik vorgestellt und beworben. Tatsächlich handelt es sich aber um eine Technik, die auf MPEG-4 basiert, Videodaten aber noch effizienter komprimieren kann. Die ITU (Internationale Fernmeldeunion) kürzt das Verfahren daher korekt als h.264/MPEG-4 ab, die ISO (Internationale Organisation für Normung) nennt es MPEG-4/AVC, wobei AVC für „Advanced Video Coding" steht, also erweiterte Videokodierung und die Verbesserungen gegenüber dem „alleinstehenden" MPEG-4 zum Ausdruck bringen soll.

Über Komprimierungsverfahren gibt es zahlreiche Fachbücher und ebenso Informationen im Internet. Schlagwörter, unter denen man fündig werden kann, sind Videokompression, h.264, MxPEG oder MPEG4CCTV. Nachteilig wirkt sich auf die Sicherheitsbranche aus, dass viele dieser Kompressionsverfahren proprietär sind, das heißt, nicht jede Kamera wird von jedem Empfänger, ob Software- oder Hardwareempfänger, verstanden. Derzeit sind mit ONVIF Bestrebungen in der Richtung auf eine Standardisierung im Gange, die als äußerst vernünftig und zukunftweisend anzusehen sind.

5.1.4
ONVIF

ONVIF steht für „Open Network Video Interface Forum", also ein Forum, das sich für eine offengelegte Videoschnittstelle einsetzt. Damit sollte es in Zukunft deutlich leichter sein, Netzwerkkameras verschiedener Hersteller gemeinsam zu verwalten. Wichtig wird dabei nicht nur die Videoschnittstelle sein – also die Frage, wie kommt das Video ins Netzwerk und wie kann man es wieder darstellen – sondern auch und ganz besonders das tägliche Handwerkszeug: Bildeinstellungen, Kontakte, Sensoren und Komprimierungseinstellungen. Sollten diese neuen Standards in einigen Jahren tatsächlich greifen, wird es dem Anwender und dem Planer sicherlich leichter fallen, verschiedene Kameras zu integrieren.

5.1.5
Schnittstellen

Als wichtiges Werkzeug ist die Schnittstelle, ein Stück Hardware, jedem Installateur bekannt. Mittels Schnittstellen werden Informationen transportiert. Die denkbar einfachste Schnittstelle ist ein Kontakt: Die Information kann lauten „Schalter offen" oder „Schalter geschlossen". Eine Informations-Gegenstelle kann anhand dieser Informationen nun Maßnahmen treffen, Entscheidungen fällen oder diesen Zustand jemand anderem mitteilen.

Beispiel 1: Schalter geschlossen. Jemand hat den Notruf gedrückt. Ein angeschlossenes System kann die Maßnahme „Telefonnummer wählen" treffen. So wird von der Autobahn-Notrufsäule eine Verbindung zum diensthabenden Wachdienst hergestellt.

Beispiel 2: Schalter offen: Ein Fensterkontakt ist zur vorgegebenen Uhrzeit nicht geschlossen. Dies kann dem Diensthabenden als Information in einem Lageplan angezeigt werden, z. B. als orange blinkendes Fenstersymbol.

Doch es gibt weitaus aufwändigere Schnittstellen. Viele haben von der RS-232 oder RS-485-Schnittstelle gehört. Auch dies ist ein Schnittstellen-Standard. Meist wird dieser im Videoumfeld bei der Dome-Steuerung zu finden sein, denn es handelt sich um eine Schnittstelle zur Datenübertragung. Und hier sind wir bei einem weiteren wichtigen Wort gelandet, nämlich dem Wort „Standard". Je genauer Schnittstellen definiert und beschrieben sind, desto einfacher fällt es dem Hersteller, solche Vorgaben umzusetzen. Das Negativbeispiel derzeit sind die Videosignale der Netzwerkkameras: Fast keine Kamera ist mit der Software anderer Hersteller darzustellen. Lediglich einige Softwarehäuser kümmern sich um die Implementierung der Kameras verschiedenster Hersteller in eine einheitliche Oberfläche, leider oft zu Lasten der Integrationstiefe (Bilddarstellung und Aufzeichnung läuft, aber z.B. schon das Ansteuern des kamerainternen Relais funktioniert nicht). Dass dies in der Zukunft besser wird, verspricht uns ONVIF.

5.1.6
SDK

Auch im Bereich der Software gibt es zahlreiche Schnittstellen. Häufig wird einem das Kürzel SDK begegnen, es steht für „Software Development Kit". Das SDK ist eine Art Dokumentation, wie das Produkt, sei es eine Kamera oder eine Managementsoftware, von außen anzusprechen ist. Beispiele wären beim Kamera-SDK: „Wie bringe ich das Relais der Kamera dazu umzuschalten?" oder beim Software-SDK: „Wie kann ich auf den Beginn der Aufzeichnung von Kamera 16 springen?", um nur zwei Beispiele zu nennen.

Softwareschnittstellen dienen aber auch der Verständigung innerhalb eines Systems. So kann die Videospur mit Daten verlinkt werden, um später beispielsweise nur Videosequenzen aufzufinden, bei denen gerade ein Mensch im Bild zu sehen war. Meist wird dies heute mit Datenbanken und so genannten XML-Informationen bewerkstelligt. Mittels dieser wird die Verknüpfung des Bildes mit der Aufnahmezeit und bestimmten Vorgängen vorgenommen.

Gerade im Softwarebereich werden uns häufig weitere Begriffe begegnen, für deren Erläuterung aber oft ein Blick ins Handbuch oder ins Internet weiterhilft. Auf der Website zu diesem Buch (www.videoanalyse-buch.de) werden wir weitere Begriffe, die zu klären sind, gerne sammeln und erläutern.

5.2
Historische Betrachtungsweisen – Zukünftige Herausforderungen

5.2.1
Einfachheit beschränkt – Komplexität kann Probleme lösen

Je weniger komplex die Videoanlage, desto einfacher tut man sich bei Projektierung und Angebotserstellung und im Auftragsfalle mit der Ausführung. Je größer die Anlage wird, desto aufwändiger die Planung und Projektierung, man denke nur an die Möglichkeiten, die verschiedene Kreuzschienen[1] in ihren verschiedenen Ausbaustufen bieten. „Wie viele steuerbare Kameras kann man daran anschließen? Und viele Arbeitsplätze, um das System zu steuern? Was passiert bei der neu zu installierenden Kamera?" Auch zukünftig wird man sich natürlich wieder solche Fragen stellen, doch fragt man dann zusätzlich nach Servern, Netzwerken und Speichersystemen. Von daher – keine Unterschiede zwischen Neu und Alt, zwischen analog und digital, zwischen PAL und Megapixel.

Traditionell war die Videotechnik geprägt von Punkt-zu-Punkt-Verkabelungen und Sternverkabelungen. Die Möglichkeiten, Videos über weiter entfernte Strecken abzubilden, waren ohne erheblichen Aufwand nicht gegeben. Dies ist einer der großen Vorteile der neuen Videotechnik: Entfernungen spielen im Grunde keine Rolle mehr. Auch den Begriff „Eingänge" im Sinne von Videokamera-Anschlussmöglichkeiten hört man seltener. Im Netzwerk gibt es keine physikalischen Anschlussgrenzen. Das Netzwerk ist jetzt die Kreuzschiene, und bei entsprechendem Ausbau sind 1000 Kameras in einem Netzwerk – numerisch betrachtet – kein Problem. Natürlich gibt es Grenzen, aber diese sind nicht mehr direkt an den Eingängen einer Kreuzschiene oder eines Digitalrecorders abzulesen.

Der Wandel von analog zu digital bietet seine Schwierigkeiten – und zwar für beide „Parteien": Für die analoge Fraktion ebenso wie für die IT-Branche, denn letztere hat zwar mit der „neuen Kreuzschiene" keine Schwierigkeiten, sehr wohl aber mit den Anforderungen an die Kameratechnik und die Darstellung. Tabelle 5.1 soll beiden Parteien helfen, ihre möglichen Schwächen zu überprüfen und gegebenenfalls abzustellen.

Tab. 5.1 Stärken und Schwächen neuer und traditioneller Videotechnik.

Thema	IT/digital	CCTV/analog
Optiken	−	+
Verkabelung	+	−
Montage	o	+
Projektierung Video	−	+
Projektierung IT	+	−
Aufzeichnung	+	o
Datenübertragung	+	−
Kameraplatzierung	o	+
Betriebssysteme	+	−
Umgang mit Software	+	−

+ Vorteil bzw. einfach, − Nachteil bzw. komplex,
o kein Vor- oder Nachteil (Durchschnitt).

[1] In der analogen Videowelt eingesetzte Steuergeräte zum Durchschalten der Videosignale werden Kreuzschienen genannt.

Der ernstgemeinte Rat der Autoren geht an alle, die in den nächsten Jahren mit Videoprojekten zu tun haben werden: Stellen Sie Ihre Schwächen ab und schulen Sie sich und Ihre Mitarbeiter in Richtung der neuen Herausforderungen. Die neuen digitalen Kameras werden sehr bald mit vergleichbar guten Optiken ausgestattet sein, so dass ein weiteres, derzeit noch existierendes Plus für die traditionelle Technik verloren geht.

5.3
Praktische Installations- und Planungshilfe

Ein Projekt hat immer irgendwo sein schwächstes Glied. Wenn in einem Projekt die Videoanalyse gefordert wird, dann muss man besonders auf die Parameter aufpassen, die die Videoanalyse entscheidend beeinflussen können. Unsere Botschaft: Beachten Sie je nach Anwendungsfall die richtigen Parameter.

Natürlich arbeitet auch eine Analysesoftware nur so gut, wie es die Parameter des Gesamtprojekts zulassen. Eine Kamera, die nicht fachgerecht montiert und eingestellt ist, liefert schlechte Bilder. Mit diesen wiederum kann auch eine noch so gute Software weniger anfangen als mit guten Bildern. Die Grundregeln der CCTV-Installationstechnik werden durch die Verwendung von Software nicht automatisch außer Kraft gesetzt – im Gegenteil: Sie sollten mehr denn je beachtet werden: Während ein Mensch das Dauerschwanken einer Kamera im Wind auf dem Monitor im Kopf auszugleichen vermag, ist dies der Software, wenn überhaupt, nur in sehr engen Grenzen möglich. Sie kann die Bewegung der Kamera mit rechnerischen Funktionen herausrechnen – allerdings geht dies zu Lasten der Rechnerleistung, die besser zur Analyse weiterer Kameras genutzt werden sollte.

Für die Installation Ihres Systems sollten Sie vorrangig die Hinweise des Herstellers beachten. Im Folgenden geben wir Ihnen zusätzlich einen Überblick über die wichtigsten Stationen und Fehlerquellen.

5.4
Analysefunktionen: Kamerafunktion stetig überprüfen

Im Falle einer Netzwerkkamera sollten Sie regelmäßig prüfen, ob diese noch erreichbar ist. Im Falle einer analogen Kamera wird von der Analyse erwartet, dass ein fehlendes Videosignal erkannt wird. Da man hier noch nicht von echter Videoanalyse spricht, sind keine besonderen Montagehinweise gegeben. Wie immer gilt natürlich auch hier: Je schwieriger man es einem Individuum mit bösen Absichten macht, desto besser. Das heißt zum Beispiel, dass Kabel nicht freiliegen sollten. Sie könnten als Einladung gesehen werden.

Seien Sie aber auch hier kritisch mit der Videoanalyse. In einem uns bekannten Falle hatte ein Kandidat den Verlust des Netzwerksignals nicht nur nicht detektiert. Er präsentierte – viel schlimmer – dem Anwender auf der Auswertungsseite ein Standbild. Würde der Anwender annehmen, dass es sich um ein Live-Bild handelt, aber gerade nichts vor der Kamera passiert, könnten ihm wichtige Informationen verlorengehen.

5.4.1
Kameramanipulation

Was versteht man im Allgemeinen unter Manipulation? Eigentlich alles, was die Überwachung beeinflussen kann. Manipulationen reichen von der Zerstörung der Kamera, der Durchtrennung von Kabeln über Defokussierung (unscharf stellen) bis hin zum Besprühen oder Abdecken.

Manipulation (Abb. 5.2) führt zu nicht mehr auswertbaren Bildern, und zwar sowohl der Live-Bilder als auch in der Folge der Videoanalyse. Wichtig ist daher bei jeder Analyseplattform das Erkennen der Bildveränderung nach Manipulationen. Die meisten Hersteller vergleichen hierzu ein kontinuierlich eingelerntes Szenario mit einem, das sich plötzlich verändert. Oft trennt sich hier schon die Spreu vom Weizen. Um Manipulationen an der Kamera sicher zu detektieren, ist eine sichere, vibrations- und wackelfreie Montage essentiell. Nichts Neues also für erfahrene Videoinstallateure. Die einfache Bewegungserkennung stellt heute keinen Hersteller mehr vor ernsthafte Probleme. Wichtiger ist, dass die Funktionalität bei Tag-Nacht-Kameras nicht zu Fehlinterpretationen führt.

Testen Sie die Leistungsfähigkeit der Algorithmen am besten mit einer Tag-Nacht-Kamera. Vernünftig ausgestattet mit IR-Scheinwerfer stellt die Kamera bei nicht mehr ausreichender Beleuchtung von Farbe auf Schwarz-Weiß-Betrieb um. Sicherlich möchte man nicht bei jedem Umschalten einen Alarm gemeldet bekommen, das wären zwei am Tag und 730 im Jahr.

5.4.2
Allgemeine Bewegungsdetektion

In dieser Liga möchten viele Hersteller mitspielen und versprechen oft die Intelligenz schon in der Kamera. Man beachte hier ganz genau die Angaben der Hersteller. Handelt es sich um einen einfachen Bewegungssensor oder um ei-

Abb. 5.2 Sollte ein System melden können: Sabotage.

nen Algorithmus, der witterungsbedingte Einflüsse herausrechnen kann? Kann der „Bewegungsdetektor" Objektgrößen über die perspektivische Szenerie mit einberechnen (Fahrzeug am oberen Bildrand ist kleiner als Mensch im Vordergrund)? Mit dieser Fähigkeit steht und fällt der Erfolg des Sensors beim Einsatz im Außenbereich. Stellen Sie den Sensor im Außenbereich auf die Probe: Wird der Baum im Wind als Bewegung „erkannt"? Kann man diese Fehldetektion vermeiden? Scheuen Sie nicht, Ihren Partner zu Rate zu ziehen.

Weitere wichtige Leistungsmerkmale: Ist eine Flächendetektion wie beispielsweise in Abbildung 3.12a **und** ein virtueller Zaun möglich? Kann ein Objekt richtungsabhängig detektiert werden? Auch wenn diese Funktionen vorhanden sind, garantieren sie noch keinen stabilen Außensensor. Tests sind hier unvermeidlich, beachten Sie das auch hinsichtlich der Planungszeit.

Da diese Art der Videoanalyse auf zusammenhängende Änderungen von Pixeln achtet, kommt es sofort zu Fehlalarmen, wenn die Kamera wackelt. Auch hier gilt wieder: Achten Sie auf stabile Montage.

5.4.3
Fortgeschrittene Bewegungsdetektion – perspektivisch arbeitende Algorithmen

Neben der sachgerechten und stabilen Montage der Kamera ist darauf zu achten, dass die Kamera den zu überwachenden Bereich vollständig erfasst. Nur dann ist der Algorithmus in der Lage, die Umgebung gewissermaßen „kennenzulernen" und Veränderungen festzustellen. Die Kamera sollte im Außenbereich in einer Höhe von etwa 3 bis 7 m angebracht sein und schräg nach unten schauen. Wird die Kamera so montiert, dass womöglich das Nachbargrundstück und der Himmel einen großen Teil des Bildes füllen, verliert man die wirklich wichtigen Szenen aus den Augen. Außerdem sollte man bei der Installation der Kamera unbedingt beachten, dass die Kameralinse nicht direkt durch Schneeflocken oder Regentropfen getroffen werden kann. Solche Objekte gaukeln dem Algorithmus ein in Wahrheit nicht bestehendes alarmierungswürdiges Geschehen vor.

Achten Sie weiterhin darauf, dass die zu überwachende Szenerie nicht in verschieden anzusetzenden Perspektiven abgebildet wird. Ein Beispiel soll klar machen, was gemeint ist. In Abbildung 5.3 blickt die Kamera auf einen Weg (links unten) und ein Parkhaus (rechter Bildteil). In beiden Bereichen befindet sich eine Person und eine Bewegung wurde detektiert. Die bereits eingestellten Perspektivlinien beziehen sich auf die Person, die auf dem Wege zu sehen ist. Daher kann das System nicht gleichzeitig eine Person auf dem Parkhaus als solche erkennen. Denn bereits eine Person in halber Bildhöhe dürfte angesichts der Perspektive nur noch Punktgröße haben. Eine Person auf der obersten Parkhausplattform, also noch weiter am oberen Bildrand, müsste aus Sicht des Analyse-Algorithmus noch kleiner sein als in der Bildmitte oder unten. Sie würde also nicht als Person erkannt, da sie viel zu groß ist. Stellt man die Perspektive nun so ein, dass die Person auf dem Parkdeck erkannt wird, kann umgekehrt die Person auf dem Gehweg nicht mehr als solche erkannt werden – sie wäre viel zu klein.

Abb. 5.3 Problematik bei der Objekterkennung bei 2 verschiedenen Perspektiven. Die Perspektivlinien laufen in halber Bildhöhe zusammen, sind also für den Weg eingestellt. Der Algorithmus kann die Person oben auf dem Parkdeck nicht richtig klassifizieren.

Bis zum Redaktionsschluss ist den Verfassern kein Algorithmus bekannt, der zwei perspektivisch unterschiedliche Szenarien innerhalb eines Bildes verarbeiten kann. Vermeiden Sie daher schon bei der Planung solche Kamerabilder soweit wie möglich. Ansonsten ist das Problem nur durch den Einsatz einer weiteren Kamera zu lösen.

5.4.4
Algorithmen, die statische Veränderungen melden

Im Gegensatz zu Algorithmen, die auf weitgehend statischem Hintergrund bewegte Objekte erkennen und bewerten sollen, hat diese Klasse von Algorithmen oft die entgegengesetzte Aufgabe. Bei sich häufig veränderndem Bildinhalt sollen, oft im Hintergrund, Objekte detektiert werden. Beispiele sind der abgestellte Koffer, aber auch entwendete Objekte (Museumsmodus) oder Objekte die nicht hingehören, wo sie detektiert wurden. Hierzu gehören beispielsweise in Shops entnommene und heruntergefallene Waren (Abb. 4.30). Auch hier gilt wie beim Beispiel Koffer: Wenn viel Laufpublikum lange vor dem zu erkennenden Objekt steht, wird eine Erkennung zunehmend schwieriger.

Die hochsensiblen Sensoren benötigen eine stabile Montage, eine gut ausgeleuchtete Szenerie und möglichst kontrastreiche Bilder. Sie sollten die Umsetzung dieser Anforderungen in Ihre Planungen mit einbeziehen. Planen Sie weiters auch hier ausreichend Testzeit ein. Viele der Algorithmen stecken noch in den Kinderschuhen und ihre Leistungsfähigkeit sollte nicht überschätzt werden: Im Flughafen mit Hunderten von sich bewegenden Leuten ist eine sichere Kofferdetektion mit Videoanalyse noch nicht machbar.

5.4.5
Algorithmen für statistische Angaben

Hier kommt es mehr als bei anderen Aufgaben auf die spezifische Anforderung Ihres Projektes an – den besten Aufschluss geben daher die Angaben des Herstellers zu dieser Anwendung. Denn für statistische Auswertungen, also beispielsweise die Personenzählung, gibt es grundverschiedene Ansätze. Am häufigsten werden Ihnen am Markt so genannte Überkopfkameras begegnen, Kameras, die von der Decke direkt nach unten schauen (z. B. Abb. 4.32).

Mit dieser Methode kann das System einzelne Personen besonders gut auseinanderhalten und richtig zählen. Die Kameras sollten so platziert sein, dass sie aus ausreichender Höhe (mindestens 3 m) auf die virtuelle Zähllinie herabschauen, aber trotzdem noch genügend Raum um die Personen herum im Bild bleibt, damit die einzelnen Personen vom Algorithmus rechtzeitig erfasst werden können. Ist dieses Verhältnis zwischen Personen- und Umfelderfassung auf dem Bild nicht ausgewogen eingestellt, kann es zu Fehlauswertungen kommen: So kann es passieren, dass der Algorithmus beispielsweise erst im dritten ausgewerteten Bild die Person sauber erfasst hat, diese aber zu diesem Zeitpunkt schon über die Zähllinie hinausgelaufen ist.

Für statistische Zwecke eingesetzte Kameras können aber auch „normal" montiert werden, etwa so, dass sie mit einem Neigungswinkel von 30° oder 40° die zu beobachtende Szenerie erfassen. Eine solche Einstellung ist dann sinnvoll, wenn es nicht so sehr auf die exakte Personenzahl oder auf die Erfassung von Einzelpersonen ankommt. Oft sind nur Richtwerte gefragt – es genügt beispielsweise die Auskunft, dass rund 1000 Personen da waren. Dem Marketingchef eines Kaufhauses käme es nicht darauf an, exakte Zahlen über die Kundenfrequenz in Gang A und B zu haben. Es genügt ihm, wenn er erfährt, dass rund dreimal so viele Menschen Gang A benutzen wie Gang B. Solche Algorithmen, meist eingesetzt im Innenbereich, ermöglichen eine sehr gute Objektdifferenzierung, sie können also auch zwei recht nah nebeneinander positionierte Objekte unterscheiden. Wenn aber beispielsweise ein Kind direkt vor seinem Vater läuft, ist das nicht mehr zu unterscheiden.

Ein weiterer Vorteil dieses Verzichts auf Exaktheit ist, dass man bei der Einrichtung einer statistischen Videoanalyse auf Kameras zurückgreifen kann, die bereits zur Überwachung montiert wurden. Im Einzelhandelsbereich bedeutet dies: Nachts überwacht und sichert die Kamera das Geschäft, tagsüber liefert die gleiche Kamera wichtige Informationen über die Besucherströme.

Gewisse Besonderheiten gibt es zu berücksichtigen. Neben der stabilen und witterungsgeschützten Montage im Außenbereich ist natürlich auch auf die richtige Beleuchtung zu achten. Dass ein Infrarotstrahler nicht in unmittelbarer Nachbarschaft zur Kamera angebracht werden darf, ist den meisten Installateuren sicher bekannt. Infrarotlicht zieht Spinnen und Insekten an, die sich vor der Kameralinse tummeln oder ein hübsches Netz vor das Gehäuse bauen. All dies ist einem gut funktionierenden Gesamtsystem abträglich.

Aussagen zur besten Position und zum idealen Abstand der Kamera vom zu überwachenden Bereich sind schwer zu treffen, da es mindestens 1000 verschiedene Kameratypen und Objektive gibt und diese individuell auf das Projekt abgestimmt werden müssen. Es gibt andererseits Erfahrungswerte aus der Praxis, die je nach Algorithmus, Qualität der Kameras, der Beleuchtung und der Positionen variieren. Gängige Werte liegen heute bei 15 bis 50 Metern. Planer sollten bei den in der engeren Auswahl stehenden Lieferanten der Videoanalysesoftware genauere Werte erfragen.

Beachten Sie weiters die Vorgaben des Datenschutzes: Oft dürfen auf Aufzeichnungen die gefilmten Personen nicht erkennbar sein. Auch hier kann Videoanalyse Abhilfe schaffen. Es gibt mittlerweile recht zuverlässige Gesichtsfindersoftware (nicht zu verwechseln mit Gesichtserkennung), die Gesichter in einer Szenerie auffindet und die Person durch Verpixelung oder Unschärfen im Gesichtsbereich unkenntlich macht.

5.4.6
Algorithmen zur Gesichts- und Zeichenerkennung

Wie im vorangegangenen Kapitel gilt auch hier, dass es sehr marktspezifische Lösungen gibt. Software, die auf vorbeifahrenden Bahnwaggons Zeichen erkennen kann (Abb. 5.4), gehört zwar zu den Exoten, wird aber auch nachgefragt. Häufiger sind Anwendungen im Bereich der KFZ-Kennzeichenerkennung und der Gesichtserkennung.

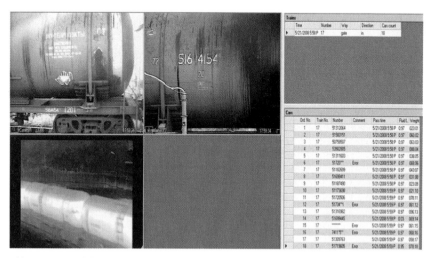

Abb. 5.4 Kamerabilder und Datenbank zur Erkennung von Bahnwaggonbeschriftungen. (Quelle: AxxonSoft).

Kennzeichenerkennung benötigt meist eine ausreichende Beleuchtung, stabile Montage der Kamera und einen Bildausschnitt, auf dem das zu lesende Kennzeichen in einer ausreichenden Größe auftaucht. Den Rest erledigt die Software: Sie ist ständig auf der Suche nach Kennzeichen im Bild. Wird eines erkannt, können die üblichen Regeln greifen: Alarm ein/aus oder Abgleich mit Datenbanken. Sehr häufig hört man die Begriffe „Whitelist" und „Blacklist". Auf der schwarzen Liste stehen dabei die „verbotenen" Kennzeichen, die einen Alarm auslösen sollen. Das können z. B. die Kennzeichen von Tankstellenbesuchern sein, die beim letzten Tanken nicht bezahlt haben. Die Whitelist arbeitet umgekehrt: Fahrzeugen mit Kennzeichen auf der weißen Liste wird beispielsweise am Werkstor automatisch die Schranke geöffnet.

Sprechen Sie ausführlich mit dem Systemintegrator und Hersteller über Ihre spezifischen Anforderungen, denn die verschiedenen Systeme am Markt stellen oft recht unterschiedliche Ansprüche an Kameraposition und Beleuchtung.

Bei der so genannten Face Recognition, der Gesichtserkennung (Abb. 4.15), arbeitet meist eine eher statische Analyse. Ein einmal abgespeichertes Gesicht soll anhand diverser Merkmale später wiedererkannt werden und dem Anwender entsprechende Meldungen ausgeben („Achtung, der Ladendieb von letzter Woche ist wieder da!", oder: „Der Chef kommt, alle Türen auf!"). Gesichtserkennung arbeitet heute meist nur dann zuverlässig, wenn das Gesicht das Kamerabild recht groß ausfüllt und eine einheitliche Ausleuchtung vorhanden ist. Das schränkt ihren aktuellen Einsatzbereich noch ein. Verbesserungen werden aber laufend vermeldet. Auch mit kleinen Tricks kann man die Trefferquote deutlich erhöhen. So hängte beispielsweise ein Shopbetreiber zwei große Monitore im Eingangsbereich auf, zwischen denen sich die Kamera für die Gesichterkennung befand. Ein hoher Prozentsatz der Menschen schaute beim Eintritt in den Markt auf die Monitore und lieferte damit den optimalen Betrachtungswinkel. Die Erkennungsraten stiegen deutlich.

6
Videoüberwachung und Datenschutz

Hoch entwickelte Technik birgt meist auch die Gefahr ihres Missbrauchs. Das gilt nicht nur für Großtechnologien wie etwa die Kernenergie, sondern z. B. auch für Autos (missbrauchbar für Wettrennen), Stereoanlagen (missbrauchbar für nächtliche Heavy-Metal-Darbietungen im Wohngebiet) und auch für die Videotechnologie. Schon das Wort „Überwachung" löst vielfach ein gewisses Unbehagen aus. Die meisten Menschen lassen sich schließlich nicht gerne beobachten – jedenfalls nicht rund um die Uhr und nicht überall.

Videoüberwachung kann unsere Freiheit und unsere Privatsphäre berühren – und sie muss ihre Grenzen im Recht finden. Auf Ebene des Öffentlichen Rechts, des Privatrechts, im Arbeitsrecht und verfassungsrechtlich werden Datenschutzfälle verhandelt.

Die gesetzlichen Regelungen zum Datenschutz unterscheiden sich im Detail von Land zu Land. In Europa gibt es seit 1995 die Europäische Datenschutzrichtlinie. Solche EG-Richtlinien gelten – anders als EG-Verordnungen – nicht unmittelbar in den einzelnen Mitgliedsländern. Sie müssen dort jeweils in nationales Recht umgesetzt werden. Entscheidend ist, dass die Ziele der Richtlinie in den einzelnen Ländern verwirklicht werden. In Deutschland ist dies 2001 in Form des Bundesdatenschutzgesetzes geschehen, in Österreich im Jahr 2000 in Form des Datenschutzgesetzes.

Die in der Praxis am häufigsten vorkommenden Fragen werden im Folgenden zusammengefasst. Soweit es das Bundesdatenschutzgesetz betrifft, ist die Rechtslage vergleichbar mit der in anderen Ländern. Immer zu beachten ist, dass es bei der Rechtmäßigkeit einer geplanten Videoüberwachungsmaßnahme grundsätzlich auf die Umstände des Einzelfalls ankommt. Worauf zu achten ist, wird im Folgenden zusammengefasst – im Zweifelsfall sollten Sie Rechtsrat einholen.

Intelligente Videoanalyse: Handbuch für die Praxis.
Torsten Anstädt, Ivo Keller und Harald Lutz
Copyright © 2010 WILEY-VCH Verlag GmbH & Co. KGaA, Weinheim
ISBN: 978-3-527-40976-1

6.1
Videoüberwachung durch Unternehmen

6.1.1
Schutzwürdige Interessen auf beiden Seiten

Wie sensibel das Thema „Überwachung" am Arbeitsplatz ist, zeigten uns Discounter im Jahr 2008: Sie brachten Politiker und Journalisten, Gewerkschaftsvertreter, Datenschützer und Juristen gleichermaßen auf den Plan. In der Tat zeigen die Details der Geschichten, wie haarsträubend bedenkenlos die Unternehmen mit Ihren eigenen Mitarbeitern damals umsprangen. Und es zeigte sich, wie man den Nutzen einer hilfreichen Technologie pervertieren kann: Offenbar wollte man nicht nur Ladendiebe aufspüren, sondern die Mitarbeiter danach durchleuchten, wer mit wem eine Liebesaffäre hat und wer wie häufig die Toiletten benutzt.

6.1.2
Waren darf man schützen!

Selbstverständlich gibt es berechtigte Interessen, auch dort zu überwachen, wo Menschen arbeiten. Videotechnik ist in vielen Bereichen der Arbeitswelt unabdingbar – etwa dort, wo ein Händler seine Waren schützen will. Die rechtliche Bewertung hängt u. a. davon ab, ob die Überwachung in öffentlich zugänglichen Räumen stattfindet oder nicht, ob Arbeitnehmer betroffen sind, ob ein Betriebsrat existiert und unter Umständen davon, ob die Betroffenen zugestimmt haben oder nicht.

Das zentrale Gesetz für die rechtliche Einschränkung von Überwachungsmaßnahmen – ob es sich nun um Passanten im öffentlichen Raum oder um Mitarbeiter in einem Unternehmen handelt – ist die Verfassung. In Deutschland also das Grundgesetz mit seinen Grundrechten: In unserem Zusammenhang geht es dabei vor allem um das Recht auf freie Entfaltung der Persönlichkeit, die in Artikel 2 des Grundgesetzes verankert ist. Auf der anderen Seite stehen das Eigentums- (Art. 14) und das Berufsausübungsrecht (Art. 12).

6.1.3
Das Recht auf informationelle Selbstbestimmung

Mit dem Recht auf freie Entfaltung der Persönlichkeit ist grundsätzlich die Freiheit jedes Menschen gemeint, seine Lebensführung zu gestalten und frei zu handeln. Zusammen mit der in Artikel 1 garantierten Menschenwürde hat die Rechtsprechung daraus ein „allgemeines Persönlichkeitsrecht" abgeleitet. Ein Teil dieses allgemeinen Persönlichkeitsrechtes wiederum spielt bei der rechtlichen Bewertung der Videoüberwachung eine besondere Rolle: das Recht auf informationelle Selbstbestimmung. Es existiert in dieser Form seit einem Urteil des Bundesverfassungsgerichts zum Thema Volkszählung Ende 1983. Auch dort ging es um Datenerfassung und -verarbeitung – und zwar durch den Staat.

Für Unternehmen ist diese Rechtsprechung aber genauso wichtig. Denn es ist zwar richtig, dass die Grundrechte ursprünglich zum Schutz der Menschen bzw. Staatsbürger gegen hoheitliche Ein- und Übergriffe gedacht waren. Die Grundrechte prägen aber auch unseren Rechtsstaat überhaupt – sie beeinflussen das zwischen den Bürgern geltende Recht, also auch das Privatrecht und das Arbeitsrecht. Das Verfassungsgericht spricht dabei von der „mittelbaren Drittwirkung" der Grundrechte.

Das Recht auf informationelle Selbstbestimmung bedeutet nach Auffassung des Bundesverfassungsgerichts, dass jeder Einzelne das verfassungsrechtlich gesicherte Recht hat, grundsätzlich selbst zu entscheiden, ob und wem er seine persönlichen Daten preisgibt und wie diese Daten verwendet werden. Allerdings findet auch das Recht auf informationelle Selbstbestimmung seine Grenzen dort, wo die Rechte anderer beginnen. Dem Unternehmer und Arbeitgeber insbesondere steht beispielsweise verfassungsrechtlich zu, sein Eigentum zu schützen, sowie seinen Beruf auszuüben. Daraus resultiert auch das Recht des Unternehmers darauf, dass sein Betrieb ungestört funktioniert.

6.2
Zulässige Videoüberwachung auf öffentlich zugänglichen Flächen

Die Videoüberwachung und vor allem der Einsatz der Möglichkeiten der Videoanalyse sind gerade dort von besonderer Bedeutung, wo es Publikumsverkehr gibt – etwa in Geschäften, in Kaufhäusern, an Tankstellen, etc. Die Gefahr für den Betrieb, für Gebäude, Waren, Fuhrpark, etc. sind hier besonders hoch. Für diese öffentlich zugänglichen Flächen ist gesetzlich klar geregelt, dass Videoüberwachung möglich ist und unter welchen Umständen. Diese Regeln stehen vor allem in § 6b des Bundesdatenschutzgesetzes.

Zusätzlich muss die Videoüberwachung verhältnismäßig sein im Sinne des verfassungsrechtlichen „Grundsatzes der Verhältnismäßigkeit". Er gilt sowohl für Flächen, die für das Publikum geöffnet sind, als auch für öffentlich nicht zugängliche Flächen. Näheres dazu weiter unten.

§ 6b des Bundesdatenschutzgesetzes definiert die Videoüberwachung als „Beobachtung öffentlich zugänglicher Räume mit opto-elektronischen Einrichtungen". Sie ist in drei Fällen erlaubt, nämlich dann, wenn sie erforderlich ist zur Aufgabenerfüllung öffentlicher Stellen, zur Wahrnehmung des Hausrechts oder zur Wahrnehmung berechtigter Interessen für konkret festgelegte Zwecke. Zusätzlich dürfen keine Anhaltspunkte dafür bestehen, dass schutzwürdige Interessen der Betroffenen überwiegen.

Außerdem schreibt § 6b des Bundesdatenschutzgesetzes vor, dass auf die Videoüberwachung hingewiesen werden muss und welche Stelle dies verantwortet. Um dieser Norm gerecht zu werden, muss der Hinweis deutlich sein – beispielsweise durch ein eindeutiges Piktogramm (Abb. 6.1) – und er muss für jeden sichtbar angebracht werden.

6 Videoüberwachung und Datenschutz

Abb. 6.1 Beispiel eines Piktogramms, mit dem die Forderung des Bundesdatenschutzgesetzes nach einem Hinweis auf die Videoüberwachung erfüllt werden kann. (Quelle: Axis Communication).

Ein Beispiel für erlaubte Videoüberwachung ist der Supermarkt. Der Inhaber hat das Recht, seine Waren zu schützen. Unter den Bedingungen des Bundesdatenschutzgesetzes und nach dem Grundsatz der Verhältnismäßigkeit ist die Überwachung erlaubt. Nur darf dies nicht heimlich, sondern muss offen geschehen – so schreibt es § 6 b des Bundesdatenschutzgesetzes vor. Dies hat z. B. das Arbeitsgericht Frankfurt entschieden (Urteil vom 25. Januar 2006).

6.2.1
Innen- und Außenbereiche

Öffentlich zugänglich im Sinne des Gesetzes sind zum einen betriebliche Räume, die von einer unbestimmten Personenzahl betreten werden können. Hierzu zählen Verkaufsräume, aber auch Räume, für deren Betreten Eintritt gezahlt werden muss. Beispiele für Fälle, in denen eine Videoüberwachung regelmäßig zulässig ist, sind z. B. Kassenbereiche oder Schalterräume, da hier mit Überfällen oder Diebstählen gerechnet werden muss. Auch wo Vandalismus auftreten kann, ist Videoüberwachung erlaubt.

Der öffentlich zugängliche Außenbereich ist ebenfalls im § 6 b geregelt. Beispiele sind der Eingangsbereich vor einem Unternehmen und die Straße im Bereich eines Ladeneingangs. Hier ist die Videoüberwachung in Ausübung des Hausrechts in aller Regel zulässig – und auch hier gilt, dass es sich um Bereiche handelt, die einer unbestimmte Anzahl von Personen zugänglich sind. Eine ausufernde Überwachung der ganzen Straße oder des Bürgersteigs ist nicht erlaubt. Es kommt wie immer auf den Einzelfall an. Eine großzügigere Auslegung des Rechts kann bei der Überwachung des Außengeländes erwartet werden, wenn z. B. die Außenmauern eines Betriebs ständig beschädigt wird.

Definitiv nicht erlaubt ist die Videoüberwachung in Umkleideräumen, auf Toiletten oder in ähnlichen Räumen, deren Kontrolle die Intimsphäre der Betroffenen verletzen würde. Auch Aufenthaltsräume zählen dazu.

6.2.2
Umgang mit Videodaten

Die genannten Regeln betreffen zunächst einmal die Videoüberwachung selbst. Wie sieht es aber mit der Verarbeitung und Nutzung der mit ihr gewonnenen Daten aus? Werden Daten im Zuge einer Verarbeitung und Nutzung einer bestimmten Person zugeordnet, muss diese benachrichtigt werden. Allgemein müssen Daten gelöscht werden, wenn sie zur Erreichung des Zwecks, zu dem sie erhoben wurden, nicht mehr gebraucht werden. Das Gleiche gilt dann, wenn schutzwürdige Interessen des Betroffenen gegen eine weitere Datenspeicherung sprechen. Die Löschung muss dann „unverzüglich" erfolgen – das bedeutet in der Sprache des Rechts: ohne schuldhaftes Zögern.

6.2.3
Auftragsvergabe an Dritte

Der Unternehmer, der in seinem Betrieb Videoüberwachung im öffentlich zugänglichen Bereich betreibt und sich dabei eines externen Dienstleisters bedient, ist dadurch von seiner Verantwortlichkeit nicht befreit. Die Zuständigkeit regelt im Einzelnen § 11 des Bundesdatenschutzgesetzes. So muss der Unternehmer den Auftragnehmer sorgfältig nach Eignung auswählen, den Gegenstand und die Dauer des Auftrags genau festlegen. Ebenso die Art und den Zweck der Datenerhebung und -verarbeitung. Festzulegen ist auch, inwieweit die eventuelle Vergabe von Unteraufträgen möglich ist, sowie das Kontrollrecht des Auftraggebers. Auch die Rückgabe überlassener Datenträger und die Löschung von Daten nach Auftragsbeendigung muss geregelt werden.

6.3
Pflicht zur Videoüberwachung

Es bleibt zu bemerken, dass die Videoüberwachung teils auch vorgeschrieben ist – das sehen z. B. Unfallverhütungsvorschriften vor. Für Kernenergieanlagen, für Bankautomaten und Kassen in Banken sowie für Casinos und Spielhallen besteht eine Pflicht zur Videoüberwachung (Abb. 6.2).

So steht z. B. in der Unfallverhütungsvorschrift Kassen in § 6: „Öffentlich zugängliche Bereiche, in denen Banknoten von Versicherten ausgegeben oder angenommen werden, müssen mit einer optischen Raumüberwachungsanlage ausgerüstet sein". Hinsichtlich der spezifischen Möglichkeiten der Videoanalyse ist der folgende Absatz des Gesetzes wichtig – bezüglich der Qualität der Aufnahmen wird hier auf den Sinn der Überwachungspflicht verwiesen: „Optische Raumüberwachungsanlagen müssen so installiert sein, dass wesentliche Phasen eines Überfalles optisch wiedergegeben werden können".

Abb. 6.2 Videoüberwachung einer Geldzählung. (Quelle: Dallmeier Electronics).

6.4
Nicht öffentlich zugängliche Bereiche und Überwachung am Arbeitsplatz

Gesetzlich festgeschriebene Regeln gibt es nicht für diejenigen Bereiche des Unternehmens, in denen sich nur Mitarbeiter aufhalten, die aber in der Regel nicht für den Publikumsverkehr gedacht sind. Zu diesen nicht öffentlich zugänglichen Bereichen sagt das Bundesdatenschutzgesetz nichts – es gibt mit anderen Worten keine gesetzliche Regel. Auch eine entsprechende Anwendung des Gesetzes kommt nach der Rechtsprechung nicht in Frage. Das hat das Bundesarbeitsgericht ausdrücklich festgestellt – z. B. in seinem Beschluss vom 14. 12. 2004.

Wie die Ausführungen oben über die Grundrechte und deren mittelbare Wirkung auch zwischen Privatleuten schon vermuten lässt, ficht das den Juristen nicht an. Er führt insoweit den schon erwähnten „Grundsatz der Verhältnismäßigkeit" an, der ja unabhängig davon gilt, ob die zu überwachende Fläche dem Publikum offensteht oder nicht. Dies hat das Bundesarbeitsgericht in einer Entscheidung bestätigt, in der es um die Videoüberwachung in einem Briefzentrum der Post ging.

6.4.1
Der Grundsatz der Verhältnismäßigkeit

Wenn in die Rechte eines anderen eingegriffen wird, so bedarf es laut Verhältnismäßigkeitsgrundsatz einer Abwägung. Es gibt also keine Pauschalregelungen, sondern nur die Betrachtung der Einzelfälle. Im Einzelnen ist ein Eingriff in das Rechtsgut eines anderen – hier grob gesagt, die Privatsphäre – dann zulässig, wenn er geeignet, erforderlich und zumutbar ist.

Dass die Techniken der Videoüberwachung und der Videoanalyse beispielsweise zur Abwehr von Dieben, von Vandalismus und unbefugtem Zutritt „geeignet" sind, steht außer Frage. „Erforderlich" sind sie dann, wenn kein milderes Mittel zur Verfügung steht, mit dem der Zweck genauso gut erreichbar ist.

Dies muss im Einzelfall genau geprüft werden – bei der Überwachung von Waren etwa, wird es aber wohl meistens kein milderes Mittel in diesem Sinne geben. In einem Fall, in dem überwacht wurde, um einem konkreten Verdacht nachzugehen, entschied das Bundesarbeitsgericht, dass Taschen- oder Personenkontrollen keine milderen Mittel seien, weil sie eben nicht genauso gut wie die Videoüberwachung zur Ermittlung beitragen könnten.

Das dritte Kriterium der Verhältnismäßigkeit ist die „Zumutbarkeit" des Eingriffs. Das bedeutet, dass zwischen den Rechten der Beteiligten abzuwägen ist. Dieses Kriterium wird auch „Verhältnismäßigkeit im engeren Sinne" genannt.

6.4.2
Heimliche Videoüberwachung?

An den Beispielen aus der Rechtsprechung sieht man bei der Auslegung des Begriffs der „Zumutbarkeit", dass es simple Pauschalregeln nicht geben kann. Einzelurteile müssen immer als solche betrachtet werden, d. h. in Abhängigkeit von den konkreten Umständen, die jeweils vorlagen und die Entscheidung beeinflussten.

Für einen erheblichen und unverhältnismäßigen Eingriff in das allgemeine Persönlichkeitsrecht hielt das Bundesarbeitsgericht einen Fall, in dem bei der Post verdachtsunabhängig, also ohne konkrete Hinweise darauf, dass es schon zu Straftaten im Betrieb gekommen war, die Belegschaft überwacht wurde (BAG, Beschluss vom 29.6.2004). Die Videoüberwachung lief in diesem Fall rund 50 Stunden die Woche und die Mitarbeiter wussten nicht, wann die Kameras liefen und wann nicht. Das Gericht fand es unzumutbar, dass die Mitarbeiter einem unausgesetzten Überwachungsdruck unterlagen, weil eine Überwachungspause als solche nicht erkennbar war, auch wenn es sie gab. Auch waren keine besonderen Anlässe vorgesehen, bei denen eine Regel bestanden hätte, wann durch die Kameras überwacht wurde und wann nicht. Zu diesem psychologischen Argument kam aber noch der Umstand, dass das Gericht eine besondere Gefährdung – etwa den Diebstahl von Sendungen – vor Ort nicht erkennen konnte.

6.4.3
Heimliche Videoüberwachung bei konkreten Verdachtsfällen

Für zulässig erachtete das Bundesarbeitsgericht die Videoüberwachung in einem Briefverteilungszentrum der Post, in dem des Öfteren Sendungen abhanden kamen. In diesem Fall hatte man sich mit dem Betriebsrat nicht auf die offene Installation von Kameras einigen können. Bei der Einigungsstelle wurde dann eine ausführliche Betriebsvereinbarung entwickelt, die das Gericht fast vollständig für wirksam hielt. Nach dieser Vereinbarung war u. a. klar der Zweck geregelt – nämlich Aufklärung und Vorbeugung von Straftaten.

Im Innenbereich sollte nur aufgezeichnet werden, wenn ein konkreter Verdacht auf eine konkrete Person fiel. Wenn der Betriebsrat informiert wurde, konnte man in dem in Betracht kommenden Bereich aufzeichnen und nur solange, bis der mutmaßliche Täter überführt war. Insgesamt war die Maßnahme zeitlich auf maximal vier Wochen zu begrenzen. Die Daten waren geschützt in einem Schrank untergebracht, der nur gleichzeitig mit dem Schlüssel des Arbeitgebers und dem des Betriebsrates zu öffnen war.

Wichtig: Es ging nicht um die pauschale Kontrolle der Leistung und des Verhaltens der Mitarbeiter, da ja ausschließlich zur Straftatverhinderung und -aufklärung aufgezeichnet werden sollte. Der Unternehmer und Arbeitgeber darf die Videoüberwachung also grundsätzlich nicht dazu verwenden, jederzeit nachzuprüfen, wie gut seine Mitarbeiter arbeiten und wie sie sich sonst verhalten. Wie entscheidend das ist, zeigt auch, dass das Gericht in unserem Beispiel einen einzigen Passus in der angefochtenen Betriebsvereinbarung für unzulässig hielt: Die Ausweitung auf weitere Betriebsteile oder gar den ganzen Betrieb, wenn die konkrete Überwachung nicht erfolgreich wäre. Dann wären nämlich wieder die meisten Mitarbeiter, obwohl unschuldig, mit überwacht worden.

Auch bei der Überwachung des Außenbereichs berücksichtigte das Bundesarbeitsgericht die Interessen der konkret betroffenen Mitarbeiter: Rund 30 Lkw-Fahrer, die bei der An- und Ablieferung der Sendungen offen beobachtet werden sollten, durften zeitlich für höchstens 15 Minuten am Tag videoüberwacht werden.

6.4.4
Der Betriebsrat muss zustimmen

Wenn ein Unternehmen einen Betriebsrat hat, muss dieser der geplanten Videoüberwachung von Beschäftigten zustimmen – das schreibt das Betriebsverfassungsgesetz in seinem § 87 Absatz 1 Nr. 6 vor. Dabei kann auch der Betriebsrat bei der Mitbestimmung nicht schalten und walten wie er will. Er hat die Interessen der Arbeitnehmer gegenüber dem Arbeitgeber wahrzunehmen. Und er muss, ebenso wie der Arbeitgeber, das oben geschriebene allgemeine Persönlichkeitsrecht der Mitarbeiter achten.

Generell müssen die betrieblichen Parteien, also Betriebsrat und Arbeitgeber, eine Regelung finden, die mit höherrangigem Recht vereinbar ist – und das sind neben dem Bundesdatenschutzgesetz vor allem die Normen und Regeln des Verfassungsrechts. Können Betriebsrat und Arbeitgeber sich nicht verständigen, entscheidet die Einigungsstelle. Gegen deren Entscheidung wiederum kann man beim Arbeitsgericht klagen.

Wo es keinen Betriebsrat gibt, muss der Arbeitnehmer ggf. selbst in die Videoüberwachung einwilligen. Eine solche Einwilligung kann in den Arbeitsvertrag aufgenommen werden. Dort kann – soweit die Videoüberwachung als solche insgesamt rechtmäßig ist – festgehalten werden, dass der Arbeitnehmer sich damit einverstanden erklärt, dass in bestimmten Räumen zur Verhütung von Ladendiebstählen eine Videoüberwachung stattfindet. Details wie die Verwendung der Daten, Zugriffsberechtigungen, Löschung der Daten etc. können hier ebenfalls aufgenommen werden.

Welche handfesten Kriterien sind es nun, die die Entscheidung für oder gegen eine Videoüberwachung bestimmen? Weil ein „Arbeitnehmerdatenschutzgesetz" erst in der Diskussion ist und auch ein Entwurf noch nicht in Reichweite ist, muss man derzeit noch unterscheiden zwischen Arbeitsplätzen mit und ohne Publikumsverkehr.

6.5
Beweisverwertungsverbot bei Regelverstoß?

Die Folgen der Missachtung der Regeln für die Videoüberwachung sind im Detail umstritten. Unter Umständen ist in einem Strafverfahren die Nutzung der Videoaufzeichnung verboten – in der Regel sowohl bei einem „Glückstreffer" als auch bei heimlicher und vorbeugender Überwachung.

Es gibt aber eine Entscheidung des Bundesarbeitsgerichts im Fall einer Kassiererin eines Getränkemarktes (BAG, Urteil vom 27.3.2003), in dem es öfters zu gröberen Inventurdifferenzen gekommen war. Demnach können die Aufzeichnungen vor Gericht dann verwendet werden, wenn ein konkreter Verdacht einer strafbaren Handlung oder einer anderen schweren Verfehlung zu Lasten des Arbeitgebers besteht. Die verdeckte Überwachung musste aber praktisch das einzig verbleibende Mittel zur Aufklärung des Verdachts sein. Auch wenn es an der vorherigen Zustimmung des Betriebsrats gefehlt hatte, bedeutete das nicht das Beweisverwertungsverbot – weil dieser hinterher der Kündigung und der Verwendung als Beweis zustimmte.

6.5.1
Verhältnismäßigkeit durch Technik

Die Vorgaben der Rechtsprechung sind sicherlich nachvollziehbar – Grundrechte müssen geschützt werden, die Verhältnismäßigkeit muss im Einzelfall gewahrt bleiben. Hilfreich für die Praxis der Videoüberwachung ist insofern, dass es technische Möglichkeiten gibt, die Privatheit von Personen und auch das Ausblenden von Objekten sicher zu gewährleisten. Auf dem Markt sind Softwarespezifikationen erhältlich, die mit so genannten „Private Zones" arbeiten, mit denen Bereiche also gezielt von der Videoüberwachung ausgeklammert werden können.

Zunächst gibt es Produkte, die bestimmte Bereiche bei der Videoüberwachung grundsätzlich ausschalten – beispielsweise den Bereich hinter der Kasse (Abb. 6.3), die Fenster oder den Eingang eines Hauses. So kann sichergestellt werden, dass in einem Geschäft nur die Kunden im Warenbereich überwacht werden.

Es gibt aber auch weitergehende technische Entwicklungen, durch die man in der Lage ist, nicht nur fixe Objekte und Bereiche, sondern auch sich bewegende Personen auf dem Videobild zu verschleiern. Man kann diese Systeme so konfigurieren, dass bestimmte Bereiche des überwachten Ausschnittes jederzeit

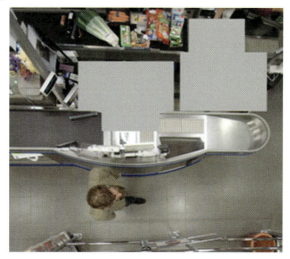

Abb. 6.3 Komplette Ausblendung der privaten Zonen am Arbeitsplatz. (Quelle: Studie Anstädt).

Abb. 6.4 Privatzonen im öffentlichen Raum. Personen werden durch Verpixelung unkenntlich gemacht. (Quelle: Kiwi).

verschleiert werden (Abb. 6.4 und 6.5) und es kann sichergestellt werden, dass die verschleiert dargestellten Personen auch nicht im Nachhinein identifiziert werden können – zu diesem Zweck werden Algorithmen mit irreversiblen Berechnungen verwendet. Durch die Trennung der Identifikationsdaten von den Videosequenzen können personenbezogene Daten geschützt werden.

6.5.2 Diebstahlprävention und Marketing-Analysen

Mit technischen Mitteln kann verhindert werden, dass die Videoüberwachung zur pauschalen Beobachtung des Mitarbeiterverhaltens ohne Anlass und Ver-

Abb. 6.5 Privatzonen im Unternehmen. Die Personen sind nur verschleiert zu sehen. (Quelle: Kiwi).

dacht verwendet wird. Gleichzeitig können aber beispielsweise Waren vor Ladendieben geschützt werden. Dies kann zur praktischen Umsetzung einer tragfähigen Betriebsratsvereinbarung dienen.

Das Gleiche gilt für die Realisierung einer weiteren sehr praxisrelevanten Aufgabenstellung der Videotechnik: die Marketing-Analyse. Dabei geht es oft darum, in Ladengeschäften zu verfolgen, welche Bereiche des Geschäfts und insbesondere welche Produkte auf das Interesse der Kunden stoßen. Es ist erforderlich und technisch auch ohne Weiteres realisierbar, die Unternehmensbereiche Sicherheit und Marketing streng zu trennen. Die statistische Erfassung von Kunden und die Aufnahme von Videobildern kann vollständig getrennt erfolgen.

6.5.3
Zertifizierung von Videoprodukten

Zur Sicherstellung der technischen Tauglichkeit von Produkten, die z. B. die Privatisierung bestimmter Bildausschnitte sicherstellt, wie es oben beschrieben wurde, gibt es Zertifikate. Zu diesem Zweck ist beispielsweise das EuroPriSe-Siegel entstanden (Näheres unter www.european-privacy-seal.eu, letzter Aufruf 26.01.2010). An der von der Europäischen Kommission geförderten Initiative des Unabhängigen Landeszentrums für Datenschutz (ULD) sind Datenaufsichtsbehörden, Universitäten etc. aus acht europäischen Ländern beteiligt.

Das Siegel wird von einer unabhängigen Stelle verliehen. Dazu muss die Datenschutzfreundlichkeit im Rahmen eines zweistufigen Verfahrens nachgewiesen werden. Ein IT-Produkt oder eine Dienstleistung wird durch einen zugelassenen Sachverständigen für Recht und Technik begutachtet, bevor eine unabhängige Zertifizierungsstelle das Siegel erteilt.

6.6
Videoüberwachung durch den Staat

Der Schutz des Bürgers vor dem Staat ist die wesentliche Motivation, die zur Entwicklung der Grundrechte geführt hat. Auf der anderen Seite steht die Aufgabe des Staates – ebenfalls zum Schutz des Bürgers – Gefahrenabwehr zu betreiben. Die Gesetzeslage und die Rechtssprechung zur Videoüberwachung durch staatliche Stellen berücksichtigt diese Interessenlage. Zwei wichtige und aktuelle Themen sollen hier *pars pro toto* herausgegriffen und in den wesentlichen Punkten zusammengefasst werden: Die (präventive) Videoüberwachung auf öffentlichen Plätzen und die Kfz-Kennzeichenerfassung.

Nur am Rande bemerkt: Erlaubt sind der Polizei auch Maßnahmen nach dem Strafprozessrecht. Das ergibt sich aus § 100c Abs. 1 Nr. 1a der Strafprozessordnung. Und: Es ist nicht zulässig, Detektive oder sonstige Privatunternehmen anlassunabhängige Videoüberwachung auf öffentlichen Plätzen vornehmen zu lassen. Dies darf nur die Polizei – auf der Grundlage entsprechender Normen.

6.7
Ermächtigungsgrundlagen in den Polizeigesetzen

Wenn die Polizei tätig wird und in die Rechte Dritter eingreift, braucht sie eine Ermächtigungsgrundlage. Bei Videoüberwachung und Videoanalyse zur Gefahrenabwehr geht es vor allem deshalb um eine klare gesetzliche Regelung, weil die informationelle Selbstbestimmung der Bürger verfassungsgemäß geschützt werden muss. Die Ermächtigungsgrundlage muss bestimmt sein, es muss also ganz klar aus ihr hervorgehen, unter welchen Voraussetzungen ein Eingriff in welcher Art und Weise erlaubt ist. Und der Grundsatz der Verhältnismäßigkeit muss beachtet werden.

Ermächtigungsgrundlagen für das präventive Tätigwerden der Polizei finden sich in den Polizeigesetzen der einzelnen Bundesländer. Das liegt daran, dass die Polizei – abgesehen von der bis 2005 noch Bundesgrenzschutz genannten Bundespolizei – Ländersache ist. Jedes Bundesland hat ein solches Gesetz erlassen.

Die Aufgaben der Polizei liegen vor allem in der Abwehr von Gefahren für die öffentliche Sicherheit. (Die in vielen Landesgesetzen erwähnte „Öffentliche Ordnung" ist übrigens praktisch kaum von echter Bedeutung, zumal sie wegen ihrer mangelnden Bestimmtheit, zu Deutsch ihrer Schwammigkeit, rechtsstaatlichen Bedenken begegnet.) Zur Videoüberwachung gibt es Einzelregelungen, die in den einzelnen Bundesländern voneinander abweichen. Als Beispiel kann hier das Baden-Württembergische Polizeigesetz dienen. In dessen § 21 Abs. 3 werden vor allem folgende Fälle genannt:

6.7.1
Öffentliche Veranstaltungen und kriminalitätsbelastete Orte

Zunächst können öffentliche Veranstaltungen und Ansammlungen, die ein besonderes Gefährdungsrisiko aufweisen, videoüberwacht werden und zwar dann, wenn aufgrund einer aktuellen Gefährdungsanalyse anzunehmen ist, dass Veranstaltungen und Ansammlungen vergleichbarer Art und Größe von terroristischen Anschlägen bedroht sind – oder wenn bei solchen erfahrungsgemäß erhebliche Gefahren für die öffentliche Sicherheit entstehen können. Das gilt auch für Orte, an denen die Kriminalitätsbelastung besonders groß ist.

6.7.2
Personenfeststellung und Gewahrsam

Ein weiterer Fall sind bestimmte Situationen der Personenfeststellung. Wenn etwa verdächtige Personen in einer Weise in der Nähe eines Objekts angetroffen werden, die nahelegt, dass diese eine Straftat begehen will und die Polizei deshalb ihre Personalien feststellen will, ist die Videoaufzeichnung zulässig. Ähnliches gilt unter bestimmten Voraussetzungen, wenn Personen in Gewahrsam genommen worden sind: Die Überwachung muss zu deren Schutz oder zum Schutz des Personals oder zur Verhütung von Straftaten in den polizeilichen Räumen erforderlich sein.

6.7.3
Regeln für die Beobachtung und Aufzeichnung

Wenn es nicht „offenkundig" ist, muss auf die Beobachtung und die Bild- und Tonaufzeichnung deutlich hingewiesen werden. Spätestens nach vier Wochen müssen die Daten gelöscht werden. Ausnahmen: sie sind von erheblicher Bedeutung für die Strafverfolgung, für die Verfolgung von Ordnungswidrigkeiten, für die Geltendmachung öffentlich-rechtlicher Ansprüche oder zum Schutz privater Rechte (letzteres aber grundsätzlich nur bei Gefahr im Verzug). Hier wird vor allem an die Behebung einer bestehenden Beweisnot gedacht. Wenn Dritte von den Aufzeichnungen miterfasst worden sind, ist das rechtlich in Ordnung, soweit dies unvermeidbar war.

6.8
Videoüberwachung auf öffentlichen Plätzen

Von einiger Aktualität ist die Überwachung von Plätzen vor allem in den Innenstädten. Die Rechtsprechung hat sie für grundsätzlich zulässig erklärt – auf Grundlage der oben genannten Normen. Ein Beispiel dafür ist ein Urteil des Mannheimer Verwaltungsgerichtshofs aus dem Jahre 2004. Dort wurde ein Platz in der Mannheimer Innenstadt mit Videokameras überwacht, bei dem es sich – statistisch untermauert – um einen stadtbekannten Brennpunkt der Kriminalität handelt. Die aufgezeichneten Bilder wurden in der Leitstelle von Polizeibeamten beobachtet und gespeichert. Gelöscht wurden sie nach 48 Stunden automatisch – bis auf entsprechend gekennzeichnete beweiswichtige Sequenzen. Der Kläger meinte, die Norm (§ 21 Abs. 3 des Baden-Württembergischen Polizeigesetzes) sei zu unbestimmt und auch unverhältnismäßig, da ja in der ganz überwiegenden Mehrzahl unbescholtene Bürger ohne Absicht, eine Straftat zu begehen, überwacht würden. Sein Recht auf informationelle Selbstbestimmung (Abschnitt 6.1.3) sei verletzt.

Das Gericht aber bestätigte die Rechtswirksamkeit des Gesetzes und auch die Rechtmäßigkeit der Videoüberwachung selbst. Die Eingriffe in die Rechte des Klägers waren gerechtfertigt. Das Gesetz sei klar und bestimmt genug. Wichtig war es, dass die Umstände, die für eine deutlich erhöhte Kriminalitätsbelastung im Vergleich mit anderen Stellen in der Stadt sprechen, dokumentiert und durch die Gerichte überprüfbar waren – und dies war in dem beurteilten Fall gegeben. Bezüglich der Details muss die Regelung in den jeweiligen Bundesländern beachtet werden.

6.9
Kfz-Kennzeichen-Scanning

Ein weiteres, aktuelles Thema bezüglich der Videoüberwachung ist die automatische Kfz-Kennzeichenerkennung und -speicherung. Das Bundesverfassungsgericht hat hierzu in einem Urteil aus dem Jahr 2008 insgesamt acht gesetzliche Ermächtigungsgrundlagen von Bundesländern als zu unbestimmt verworfen. Auf der Grundlage solcher Normen konnte die Polizei sozusagen wahllos und massenweise die Kfz-Kennzeichen von Fahrzeugen auf der Straße filmen und erfassen, um sie dann mit den Fahndungslisten abzugleichen.

Die rechtliche Beurteilung folgt genau den Grundsätzen, die bereits oben beschrieben wurden. So heißt es im Urteil des Bundesverfassungsgerichts vom 11.3.2008: „Die automatisierte Erfassung von Kraftfahrzeugkennzeichen darf nicht anlasslos erfolgen oder flächendeckend durchgeführt werden. Der Grundsatz der Verhältnismäßigkeit im engeren Sinne ist im Übrigen nicht gewahrt, wenn die gesetzliche Ermächtigung die automatisierte Erfassung und Auswertung von Kraftfahrzeugkennzeichen ermöglicht, ohne dass konkrete Gefahrenlagen oder allgemein gesteigerte Risiken von Rechtsgutgefährdungen oder -verletzungen einen Anlass zur Einrichtung der Kennzeichenerfassung geben."

7
Illusionen und Mythen

Eine Branche hüllt sich ins Dunkel – das gibt Anlass zu Spekulationen und ist Ursache von Ängsten. Höchste Zeit, die wesentlichen Irrtümer aufzuklären.

7.1
Der geheimnisvolle Gang des Menschen

Nahezu jeder Laie weiß, dass Videoanalyse Menschen „an ihrem Gang" erkennt. Millionen zwielichtiger Gestalten ließen sich ja sofort verhaften, wenn sie doch nur mal loslaufen würden. Was steckt hinter diesem Mythos?

Tatsächlich kann ein Mensch seine besten 10 Freunde unterscheiden, wenn sie im Dunkeln daherkommen und an ihren Gelenken kleine Lampen befestigt sind.

Anhand der vorigen Kapitel dürfte jedoch deutlich geworden sein, mit welchen Schwierigkeiten ein pixelbasierter Algorithmus ringt, um selbst einen gut beleuchteten Menschen aus der Menschenmenge herauszulösen. Wenn es dann noch gelingen würde, Arme und Beine zuverlässig zu erkennen, könnte man sich als nächster Herausforderung den individuellen Besonderheiten, wie Schrittweite oder Wiegen des Oberkörpers beim Laufen widmen.

Tatsächlich handelt es sich um ein verkürztes Technikverständnis. Unser interessierter Laie hat sich gemerkt, dass der Computer Differenzbilder analysiert. Der Computer konzentriert sich auf die sich bewegenden Bereiche, den so genannten Vordergrund (Abschnitt 2.3). Es werden Bewegungen, also gehende Menschen analysiert. Verkürzt und mystisch überhöht wird daraus: „Der Gang des Menschen muss doch irgendetwas Geheimnisvolles enthalten, das sich nur dem Computer offenbart."

7.2
Bin Laden unter 6 Milliarden Menschen

Ebenso ist bekannt, dass der Computer Menschen auf Fotos wiedererkennen kann. Was liegt also näher, als die Welt mit Kameras zu bestücken, jeder Kame-

Intelligente Videoanalyse: Handbuch für die Praxis.
Torsten Anstädt, Ivo Keller und Harald Lutz
Copyright © 2010 WILEY-VCH Verlag GmbH & Co. KGaA, Weinheim
ISBN: 978-3-527-40976-1

ra einen Computer mit genügend Strom zur Seite zu stellen und dann auf die Bösewichter zu lauern?

Man muss sich jedoch vergegenwärtigen, dass die biometrische Gesichtserkennung nicht nur hoch auflösende Portraits erwartet, von denen etwa 500 Merkmale extrahiert werden, sondern auch, dass diese Merkmale robust sein müssen. Jede Person muss aus verschiedenen Blickwinkeln, mit verschiedener Beleuchtung und mit unterschiedlichem Aussehen vermerkt werden. Das beschränkt die realistische Datenbankgröße auf etwa 2000 registrierte Personen. Weltweit gäbe es dann statistisch gesehen jeweils ca. eine Million Menschen, die optisch einer dieser 2000 Personen ähnelt.

Natürlich lässt sich der Computer so parametrisieren, dass er unter Gesichtern mit 5×7 Pixeln „Bärtige" sucht. Ein Bärtiger ist dann jemand, dessen untere 3×2 Gesichtspixel dunkler als die oberen 3×5 Pixel sind. Dies gilt natürlich nur, sofern das Kinn gut beleuchtet wurde. Wenn wir unter diesen Bedingungen einen bestimmten Bärtigen suchen, finden wir eine Vielzahl von Personen, die „wahrscheinlich bärtig" sind.

Es gilt bei dieser Aufgabenstellung also, zunächst einen guten Rahmen zu schaffen: Gute Beleuchtung, hoch auflösende Bilder und schließlich eine Suche, die sich entweder, wie für die Zugangskontrolle, auf einen kleinen Personenkreis beschränkt oder bestimmte Personengruppen sucht. So lassen sich inzwischen durchaus weibliche von männlichen Personen unterscheiden. Einige Arbeiten befassen sich mit der Alterserkennung. Dies ist im statistischen Sinne von erheblicher Marktrelevanz – vor der Erwartung von Perfektion sei hier aber abermals gewarnt.

7.3
Tracken in der Schrägperspektive

Würde man einen Supermarkt mit 10 bis 20 Kameras ausstatten, wäre ein Detektiv sicherlich in der Lage, seinen Verdachtsfall von Kamera zu Kamera zu verfolgen. Er könnte seinen Dieb sogar kurzzeitig aus dem Auge verlieren – spätestens an der Kasse hätte er ihn.

Auch das ist ein Irrtum. Zunächst sollten wir uns den Positionierungsfehler bei der Schrägperspektive vergegenwärtigen. Wenn die Füße nicht erkannt werden (was zwischen den Regalen eher die Regel als die Ausnahme ist), macht die Kamera einen Tiefenfehler. Eine Querkamera könnte nur helfen, wenn die Person eine eindeutige Farbe besitzt. Dies wiederum setzt eine konstante Beleuchtung voraus.

In der Praxis eines vollen Supermarkts dürfte die Person daher bereits beim ersten Kamerawechsel nicht wiedergefunden werden. Zwar konzentriert sich die Forschung auf diese Problematik, dennoch kann bestenfalls ein „wahrscheinliches Tracken" erwartet werden. Von Perfektion ist die Technik noch sehr weit entfernt.

7.4
Laufen Bombenleger anders?

Wir begeben uns wieder in die vertikale Perspektive und verfolgen die Laufwege aller Wartenden am Flughafen von oben. Ist ein Attentäter nicht nervös? Irrt er nicht anders umher als jemand, der seinen letzten Flieger verpasst hat? Oder als der Familienvater, der einen preiswerten Imbiss sucht?

Dieses psychologische Thema ist Forschungsgegenstand. Die Antworten auf die obigen Fragen sind keinesfalls trivial. Wüssten potentielle Attentäter um die Beobachtung ihres Verhaltens, würden sie sich womöglich disziplinieren können. Zurzeit stellt die Intelligente Videoanalyse in dieser Hinsicht leider keine zuverlässige Hilfe dar.

7.5
Der Schatten des Hooligan

Eine Megapixel-Kamera besitzt mindestens eine Million Möglichkeiten, die bisher ungelösten Aufgaben doch noch zu knacken. So wäre man, genügend Geld für Programmierer vorausgesetzt[1], sehr wohl in der Lage, mit einer Megapixel-Kamera 50 000 Stadionbesucher durchzuscannen. Man würde dann erkennen, dass der mutmaßliche Schläger dort in 150 m Entfernung heute aber besonders tiefe Augenringe besitze. Und seine Freundin, saß die nicht letzte Woche neben einem anderen Bösewicht?

Was sieht eine Megapixel-Kamera in 150 m Entfernung? Nehmen wir ein leistungsfähiges Teleobjektiv mit 10×10 m Bildausschnitt an, dann ist ein Gesicht 20×30 Pixel groß, es besteht aus lauter 1-cm-Quadraten. Mit welcher Sicherheit soll ein Computer nicht nur 50 000 tobende Menschen absuchen, sondern auch noch auf diesem zitternden Bild die Augenringe erkennen? Nicht einmal ein hartnäckiger Insider könnte solche Fotos auswerten – eine wie auch immer gestaltete Art erfolgversprechender Automatik ist hier nicht einmal abzusehen.

7.6
Der böse Blick

Die Angst mag einen Kaufhausdieb zu einem schnellen Blick über die Schulter bewegen, bevor er die CD einsteckt. Dies bleibt einem erfahrenen Detektiv in der Nahaufnahme nicht verborgen. Ein Computer dagegen hätte Mühe, überhaupt die wartende Person zu entdecken. Als nächstes müsste er versuchen, den Kopf anzuzoomen, aber spätestens dann würde ihm das Weltwissen fehlen, um die Gestik zu deuten.

1) Der Spiegel 25/2009: „Schäubles Paradies", S. 63.

7.7
Diebe sind schnell

Wir schließen unsere Liste der Mythen und Illusionen mit der Erkennung von Dieben in der Menschenmenge. Diebe bewegen sich gerne gegen den Strom, denn die häufigen Kollisionen können sie für ihr Tagwerk nutzen.

Grundsätzlich gibt es videobasierte Gegenstromdetektoren, die beispielsweise in Flughäfen die Sicherheitsbereiche vom Publikumsverkehr abschirmen. Hier wird aber eine ideale Kameraposition bei guter Ausleuchtung vorausgesetzt. Die Praxis morgendlicher U-Bahnhöfe sieht leider anders aus. Hier herrscht Schrägsicht, und damit beginnen die Probleme. In der Menschenmenge, bei gleichzeitig dürftiger Beleuchtung, ist gerade noch die Personenstromdichte zu messen.

Selbst in der Großaufnahme hätte man das Problem einer äußerst komplexen Situation. Wo ist der Dieb, wie groß ist er, wo sind seine Arme und Beine? Und was ist dieses längliche Objekt, das sich gelegentlich bewegt? Nähert sich dort ein Dieb einem Eingeschlafenen? War das jetzt eine Hand oder nur der Weißabgleich der Kamera? Die harmlose unterscheidet sich von der verdächtigen Situation häufig nur um Nuancen. Will man diese Feinheiten programmieren, schafft man sich ein äußerst komplexes Regelwerk, das in der Praxis kaum noch zu handhaben ist.

Schlusswort

Sicher konnten wir in diesem Buch nicht alle Fragen behandeln oder beantworten. Aber wir hoffen sehr, Ihnen mit diesen sieben Kapiteln eine gute Mischung aus Theorie und Praxis der Intelligenten Videoanalyse vermittelt zu haben, vor allem aber einen Überblick über die Möglichkeiten, Chancen und derzeitigen Grenzen.

Dieses Thema ist durch die rasend schnelle Weiterentwicklung von Software prädestiniert für weitere aktualisierende Auflagen. Wir bitten zu entschuldigen, wenn der eine oder andere Entwicklerkollege eventuell schon eine stabil laufende Analyselösung zu einer Problematik gefunden hat, die wir noch kritisch betrachtet haben.

Dem Endanwender empfehlen wir eindringlich, die Intelligente Analyse in seine Konzepte einzubeziehen, aber auch nicht zu vergessen, die Anbieter Intelligenter Videoanalyse frühzeitig in seine Projekte einzubinden.

Auf der Webseite zum Buch, **www.videoanalyse-buch.de**, können Sie mit uns in Kontakt treten, uns Ihre Erfahrungen schildern und auch neue Algorithmen vorstellen. Wir sind sehr gespannt auf Ihr Feedback.

Sachverzeichnis

a

Abbildungsverzerrungen 15
Achsenorientierung 15
Additiven Sensoriken 60
Alan Mathison Turing 1
Alarmfläche 52
Alarmfläche 2 52
Alarmraster 16, 40
Altersbestimmung 95
Analysefunktion 119
Analysesensor 115
Anlagengröße 31–32
APL 2
Artificial Intelligence 2
ATM 96, 99
Atmosphärenfenster 36
atmosphärische Fenster 34
Außenbereich 4, 7, 23, 41–42, 49, 56, 64, 79, 121, 123, 130
Außensensor 50, 121
Aufenthalt 92–93
Aufenthaltsdauer 91, 93
Aufenthaltswahrscheinlichkeit 18–19
Auftragsvergabe 131
Auftragsvergabe an Dritte 131
Augen 7, 49, 121
Autobahn 67, 84, 101, 104–105, 107, 111, 116

b

Bahnhof 26, 55, 60–63
Bahnhöfe 60, 62, 66
Bahnsteig 64
Banken 96, 100, 131
Beleuchtung 3–4, 7, 10–11, 35, 43, 53, 55, 67, 120, 123–125, 142, 144
Benchmarking 90
Beobachtungsdaten 90
Berechenbarkeitsmodell 1

Berufsausübungsrecht 128
Bestimmung des Alters 95
Betriebsrat 128, 133–134
Bewegungsanalyse 31, 39
Bewegungsdetektion 39–40, 52, 120–121
Bewegungsmelder 31, 39
Bewegungssensor 115, 120
Beweisverwertungsverbot 135
Bildanalyse 7
Bildhöhe 42–43, 121–122
Blickwinkel 15, 44
Blitzeis 66
Bombenleger 143
Branderkennung 53–54
Brennpunkt 12, 140
Brücken 103, 108
Bus 46
Büsche 4

c

CCD 37
CCTV 9, 40, 118–119
Check-In Hallen 69
Chip 31, 37, 94
Cluster 10
CMOS-Sensor 37
Consumerbereich 8

d

3D 12–13, 20, 40
3D-Szene 12, 15
Dartmouth-Konferenz 2
Daten 131
Datenschutz 47, 70, 95, 127, 137
Datenschutzgesetze 48
Deinterlacing 38
Diebe 70, 144
Diebstahl 5, 67, 84, 86, 95

Intelligente Videoanalyse: Handbuch für die Praxis.
Torsten Anstädt, Ivo Keller und Harald Lutz
Copyright © 2010 WILEY-VCH Verlag GmbH & Co. KGaA, Weinheim
ISBN: 978-3-527-40976-1

Diebstahlprävention 136
Dimensionen 10
Displayanordnungen 90
Displays 93
Domesteuerung 117
dreidimensionalen Welt 12–13, 15, 17, 19
Durchflussmessungen 23
Durchsatzrate 62
Duty Free 74

e

Eigenstrahlung 34
Einkaufsverhalten 90
Einzelhandel 42, 82, 84–85, 91, 95
Enigma 1
Entfernung 20, 22, 112, 143
Entropy 2
Europäische Datenschutzrichtlinie 127

f

Face Scanner 76
Face-Finder 47
Fahrkarten 55
Fahrzeuge 3, 5, 7, 9, 16, 23, 40–41, 44, 46, 52, 54–55, 69–70, 81, 83, 85, 96–97, 101, 103, 108, 111, 125, 140
Farben 10, 35–36, 102
Farbwert 3
Fehlalarmen 53, 85, 121
Fehlalarmquote 89, 97
Fehlerquellen 119
Fehlinterpretationen 120
Feldtheorie 3
Feuerdetektoren 112
Feuerwehrzufahrt 23, 41, 52
Fingerabdruck 10
Firmware 115
Firmwareupgrade 115
Fischaugen-Optiken 16
Flächenbewertung 95
Fluchtwege 64
Flughäfen 9, 56, 69–71, 77, 144
Formen 5–6, 10, 102
Frequenzenanalyse 81
Frequenzmessung 82, 95
Frühwarnsystem 67
Fußgängerkollisionen 20
Fußpunkten 15
Fuhrpark 129

g

Gates 69, 77
Gebäudereinigungs 81
Gebäudeschutz 96
Gebäudesicherung 84
Gegenlaufdetektion 74
Gegenstände 5, 61, 71, 106
Geisterfahrer 104, 111
Geldautomaten 86, 96–99
Geldzählkontrolle 100
Gepäckausgabestellen 77
Gepäckverlade 76
Gepäckwagen 71
Geschlecht 95
Geschwindigkeit 101, 103
Gesicht 10, 53, 73, 125, 143
Gesichter 38, 48, 75, 142
Gesichtsdetektion 53
Gesichtserkennung 10, 53, 68, 124–125, 142
Gesichtsfinder 75–76
Gesundheitscheck 80
Graffiti 5, 24, 68
Grenzbereichen 7
Grenzen 9–10, 40, 43, 59–60, 68, 79, 101, 112, 118–119, 127, 129
Größenverhältnisse 16
Grundrisskameras 14
Grundsatz der Verhältnismäßigkeit 132, 138, 140

h

h.264 115–116
H5N1-Virus 80
Hautoberfläche 38
Heimliche Videoüberwachung 133
Herumlungernde Person 84, 99
High-Involvement-Entscheidungen 87
Hintergrund 4, 7, 20, 26, 41, 45, 53, 56, 69, 122
Historie 1, 113
Homeposition 8
Hooligan 143

i

Illusionen 141
Infrarot 34–36, 60, 80, 107
Infrarotkameras 24, 80
Installlationshinweise 119
Interlaced 37–38
IP 113
IR 35–37, 120
IT 113
IT und IP 113

k

Kacheln 3–4
Kalibration 15–16
Kalibrationsfehler 22
Kalibrationsobjekte 15
Kalibrationsprozedur 16
Kamerahöhe 15
Kamerakalibration 20
Kameramontage 4, 41
Kameraposition 15, 44, 55, 57, 125, 144
Kamerawinkel 68
Kanten 5, 10, 54
Kasse 85–88, 135, 142
Kassendaten 82
Kaufhäuser 129
Kennzeichenerkennung 32, 83, 101–103, 124–125, 140
Kfz-Kennzeichen-Scanning 140
Klassifikation 9, 42, 44, 46, 112
Klassifikator 10
Klassifikatoren 9–10
Klassifizierung 44–45, 66–67, 70, 91, 103
Kleidungsfarbe 22
Kopf 7, 15, 56, 123, 143
Körpermerkmale 7
Kosteneinsparung 81
Kreditkarte 86
Kryptoanalytiker 1
Kundenanalyse 62, 90
Kundenfrequenz 123
Kundenlaufanalyse 94
Kundenlaufwegen 94
Künstliche Intelligenz 2
Kurvige Bahnsteige 64
Kurzparker 62

l

Laufpublikum 122
Laufweganalyse 63
Livebild 32, 115, 120
LKWs 46
Logical Theorist 2
Lokalisieren 13

m

Makros 52–53
Manipulation an Geldautomaten 98
Marketing Mix 92
Marketinganalyse 90, 95, 136–137
Marketingerhebungen 95
Markforschungsinstrument 94
Marktforschung 46, 82
Maschinelles Lernen 9

Maske 7–9
Mathematical 1
360°-Megapixelkamera 17
9-Megapixel-Kamera 17
Megapixel-Kameras 16
Menschenmengen 5, 20
Mikro-Radarsensoren 38
MJPEG 115
Motion tracking 3–4, 39–42, 44, 51
MPEG-4 115
Museumsmodus 122
Muster 22
Mustererkennung 2, 10, 24
MxPEG 116
Mythen 10, 59, 141

n

Nacktscanner 38
Netzcomputer 2
neue Kreuzschiene 118
Nichtkäufer 90
NTSC 38
NZG 61, 71–72, 77

o

Objektdifferenzierung 123
Objekte 7, 10, 12–13, 16, 23, 39–42, 44, 50, 56, 62, 77, 121–123, 135
Objekterkennung 50
Objektklassifikation 44
Objekttracking 20
Öffentliche Veranstaltungen 139
ONVIF 116–117

p

PAL 38, 118
Panikbewegungen 24
Panne 108, 111
Pannenfahrzeuge 46
Parameter 9, 15, 25, 45, 55, 73, 119
Parkautomaten 70
Parkhäuser 70
Parkplatz 52, 83–84
Partikelmessverfahren 23
Passkontrolle 73
PDA 69
Perimeterschutz 3, 5, 42, 48
Personalmanagement 87
Personalplanung 62, 65, 87
Personenfeststellung und Gewahrsam 139
Personenmerkmale 6
Personenmodelle 5
Personenverfolgung 94

Personenzählung 55, 123
Perspektivlinien 122
Pflicht zur Videoüberwachung 131
Photosynthese 35
Piktogramm 129–130
Pixelanzahl 17
PKWs 46
Planungshilfe 113, 119
Positionierung 10, 14, 67, 82, 93
Positionierungsfehler 14, 142
Positionsschätzung 18
Privat Zonen 136
Projektionskegel 17
PTZ 17, 23, 71
Punkt-zu-Punkt 118
Punktwolken 9–10

q
Querschätzungen 19

r
Rabattdifferenzen 86
Rasen 4, 40
Rauch 30, 53–54, 111–112
Rauschpegel 3
Rechenleistung 5, 8, 23, 31, 33, 39, 41, 44, 57
Rechtsgrenzen 60
Reflexion 7, 35
Reflexionseigenschaften 38
Regal 86, 89, 92–93
Regeln 52, 125, 129, 131–132, 134–135, 139
Regen 4, 40, 60, 107, 110, 112
Reinigungspersonal 87–88
Reisezentrum 62
Relais 30, 117
Restfehler 6
Retail 10, 64
RFID 60, 77, 82, 85, 94
RG-59 113
Richtigen 63, 95
Richtung 15, 24, 30, 41, 44, 52, 56, 116, 119
Richtungsabhängigkeit 23, 41, 52
Rolltreppen 81
RS-232 117
RS-485 117
Rückgabe 86, 131

s
SARS 80
Scannerkassen 92
Schablonen 5
Schatten 4, 49, 55, 60, 143
Schattenschlag 4, 40, 55
Schlangenbildung 62, 72–73, 87
Schließfächer 66
Schnee 60, 66, 79, 107, 110, 112
Schneeflocken 4, 40–41, 121
Schnittstelle 116–117
Schultern 7
Schutzwürdige 128
Schutzzonen 48
Schweinegrippe 80
SDK 117
SECAM 38
Security check 74
Segmente 7
Seitenstreifen 101, 103–104, 108, 110
Selbstlernende 10
Sensoren 60, 82, 116, 122
Service 62, 64–66, 71, 73, 87
Shoppingcenter 62
Sicherheitsbereich 8–9, 20, 42, 46, 57
Sonne 35, 49, 60
Spiegelungen 4, 27, 85
Spinnen 85, 124
Sprengstoff 74
Sprengstoffschleusen 74
Stabilisierungsverfahren 21
Stadtverkehr 101
Statistiken 55, 61–62, 103
Staus 71, 101, 104
Steinewerfer 108, 110
Stereo 21
Stereosehen 19
Sternverkabelungen 118
Stichwortverzeichnis 86
Storno 86
24-Stundenbereich 97
Suchfenster 6–7
Suchstrahl 12
Szeneninterpretation 12, 15, 22
Szeneninterpretationsverfahren 27

t
Tankstellen 129
Terrahertzwellen 38
Thermodynamik 3
Thermografie 80
Tiefenfehler 18–20, 142
Tierschutz 109–110
Tracken 21, 142
Trainingsphase 9
Trainingszustand 10

Trigger 50
Triggs 6
Tunnels 67, 111
Tunnelüberwachung 67
Turingmaschine 1–2

u
Übergriffe 97, 99, 129
Umfelderfassung 123
Umgebungsbedingungen 24, 80
Unfallprävention 71
UV-Licht 34, 36

v
Vandalismus 71, 98, 130, 132
Verdeckung 20
Verhaltensanalyse 24
Verkaufsflächen 95
Verkehr 10, 46, 101, 104–105, 108, 110
Verkehrsaufkommen 46
Verkehrsautomation 103
Verkehrsdurchfluss 46
Verkehrsfluss 69, 110
Verpixeln 48
Vertikalmärkte 42
Verzerrungsparameter 16
Videodaten 131
Vogelgrippe 80
Vollbilder 37–38
Vordergrund 7, 40, 43, 45, 69, 100, 121, 141
Vorfeld 78
Vorplatz 60–62

w
Waffen 38, 74
Waffenscanner 74
Wahrscheinlichkeiten 21
Waldbranderkennung 54
Warennummernsuche 86
Warenwirtschaftsprogramm 90
Wärmebild 60, 79–81, 112
Wärmebildanalyse 88
Wärmebilddetektion 78–79
Warteschlagen 71
Wegweiser 63
Weißabgleich 144
Werbeflächen 63
Werbekampagne 83, 90
Werbewirksamkeit 100
Werbewirksamkeitskontrolle 93
Werbewirkungskontrolle 90
Wetter 42, 49, 66, 112
Wetterbedingungen 107
Wolken 49, 54

x
XML 117

z
Zählanalyse 91
Zählareal 90
Zähllinie 56, 123
Zählsystem 91
Zählung 42–43, 55–57, 62–63, 90–92, 137
Zeichenerkennung 124
Zertifizierung 99, 137
Züge 24
Zutrittskontrollsysteme 49
Zweidimensionale Abbildung 12

Der Marktführer*

AxxonSoft nutzt seine einzigartigen Erfahrungen im Bereich der dezentralen Großsysteme**, um neueste Technologien intelligenter Videoüberwachungs- und Sicherheitssysteme zu entwickeln, die eine rekordverdächtige Anzahl*** integrierter Geräte unterstützen.

   * Laut der IMS Research Studie „World & EMEA Market for CCTV and Video Surveillance Equipment – 2008" ist AxxonSoft in der Kategorie Video-Managementsoftware für offene Netzwerke die Nr. 1 in Europa und die Nr. 3 weltweit.

 ** 80.000 Kameras im Projekt „SafeCity" in Moskau, Russland.

*** Über 130 IP-Kameras und IP-Videoserver, rund 30 Brandschutz- und Zugangskontrollsysteme, POS/Kassensysteme von über 20 Anbietern, Geldautomaten der drei größten Hersteller, alle gängigen PTZ-Protokolle, Infrarot-Bildsensoren, mobile Zugangsgeräte sowie weitere Sonderausstattungen.

Axxon Smart PRO 2.0
Für einen professionellen Einstieg in die Videoüberwachung

Axxon Smart PRO 2.0 ist ein professionelles Basissystem zur Videoüberwachung - dabei kommt es schon nah an die großen AxxonSoft-Systeme heran: Das System bietet eine einzigartige Benutzeroberfläche, hochentwickelte Videoanalyse-Funktionen, komplexe Alarmszenarien, spezifische Schnittstellen für unterschiedliche Nutzer, die Unterstützung einer Vielzahl integrierter IP-Systeme verschiedener Hersteller sowie die Möglichkeit der Erstellung separater, individuell konfigurierbarer Videoarchive für verschiedene Ereignistypen. Damit bietet Axxon Smart PRO 2.0 eine in seiner Preisklasse einmalige Fülle von Möglichkeiten.

Offene Plattform für nahtlose Integration

Axxon Smart PRO 2.0 unterstützt über 130 IP-Kameras und IP-Videoserver von mehr als 20 Herstellern, darunter Axis, Bosch, JVC, Mobotix, Panasonic und Sony. AxxonSoft erweitert diese Liste kontinuierlich, so dass dem Endnutzer ein Maximum an Flexibilität und die für ihn optimale Systemauswahl ermöglicht wird. Axxon Smart PRO 2.0 unterstützt sämtliche gebräuchlichen Videokompressions-Algorithmen: MPEG-4, H.264, MJPEG und den selbst entwickelten Motion Wavelet-Algorithmus.

Einzigartige Benutzerfreundlichkeit

Die Entwickler von AxxonSoft haben sämtliche Alltagssituationen analysiert, die beim täglichen Betrieb eines Sicherheitssystems auftreten können und für jede dieser Situationen eine optimale Lösung entwickelt. Dieses benutzerfreundliche Konzept wurde in Form einer einzigartigen OpenGL-basierenden Benutzeroberfläche umgesetzt, die dem Anwender somit ein Maximum an Komfort und jederzeitige Kontrolle verschafft. Um die Bedienbarkeit noch intuitiver zu gestalten, bietet es zudem eine automatische IP-Geräte-Erkennung sowie einen Fernzugang per DynDNS remote Access.

Benutzeroberfläche von Axxon Smart PRO 2.0

Videoanalyse auf dem neuesten Stand der Technik

Die Videoanalyse erspart dem Nutzer, sich ständig auf alle Kamerabilder konzentrieren zu müssen. Dank der ausgereiften Analyse-Werkzeuge von Axxon Smart PRO 2.0 werden dem Nutzer nur relevante Ereignisse angezeigt. Zu diesen gehören:

- Detektor für herrenlose Objekte
- Bewegungs- und Bewegungsrichtungserkennung
- Gesichtserkennung
- Überwachungszonen-Einteilung
- Zoneneintritts- und -austrittsüberwachung
- Alarm bei Verschwinden/Erscheinen von Objekten in überwachter Zone

Hinzu kommen verschiedene Fehlermelde-Tools zur Überwachung unerwünschter Veränderungen an der Kamera:

- Veränderungen des Hintergrundes
- Veränderung der Kameraausrichtung und des Bildausschnitts
- Verdecken des Objektivs
- Überbelichtung
- Unschärfe und Fokusverlagerung

Detektor für herrenlose Gegenstände

Bewegungsrichtungserkennung

Hintergrundänderungserkennung

Objektiv-Verdeckungserkennung

Automatisierte Reaktionsmaßnahmen

Die Einsatzmöglichkeiten der Videoanalyse werden durch das Dialogfenster „Rules" (Regeln) erweitert. Mit Hilfe dieser Regeln lassen sich die Reaktionen auf einen Alarm oder bei Eintreffen bestimmter Bedingungen im Überwachungsbereich programmieren. Diese logischen Szenarien können als und/oder-Operationen für eine unbegrenzte Zahl von Ereignissen definiert werden. Sämtliche Verknüpfungen werden auf dem Bildschirm visualisiert. Das Einrichten der Reaktionsmaßnahmen ist ausgesprochen anwenderfreundlich gestaltet. Mit einfachen Maus-Klicks lassen sich die „Rules" auf dem Bildschirm einrichten, ohne dass es erforderlich ist, spezielle Programmiersprachen zu erlernen.

Axxon Intellect Enterprise
Die intelligente Plattform für anwendungsspezifische Lösungen

Axxon Intellect Enterprise ist eine universelle, offene Software-Plattform. Mit ihr lassen sich Sicherheitssysteme jeder Größenordnung schaffen – dabei hilft die umfassende modulare Konzeption: Zugangskontrolle, Brandschutz, Videoüberwachung und andere Spezialsysteme werden so integriert, dass sämtliche Subsysteme, Analysedaten und die automatische Steuerung ineinandergreifen und zusammenarbeiten.

Die Möglichkeiten der Axxon Intellect Enterprise Plattform

Intelligente Videoüberwachung

Das Video-Subsystem von Axxon Intellect Enterprise unterstützt zahlreiche IP-Kameras und IP-Videoserver sowie analoge Geräte. In das dezentrale System kann eine unbegrenzte Zahl von Kameras, Videoservern und Workstations integriert werden. Die Videoanalysefunktionen unterstützen dabei die Optimierung des gesamten Videoüberwachungsprozesses und machen es somit effizienter.

Zugangskontrolle

Mit Axxon Intellect Enterprise lassen sich die Zugangskontrollsysteme verschiedener Hersteller steuern – ein umfassendes Aufgabenspektrum kann so gelöst werden. Hierzu gehören die Erstellung und der Betrieb von Mitarbeiter-Datenbanken, die Einrichtung von Berechtigungszonen und die Erteilung von Zugangsrechten verschiedener Ebenen für Mitarbeiter und Mitarbeitergruppen.

Arbeitszeiterfassung

Anhand der Daten aus dem Zugangskontrollsystem berechnet das Modul die erfassten Arbeitszeiten, die ein Mitarbeiter oder eine Abteilung während eines bestimmten Zeitraums tatsächlich gearbeitet hat, unter Berücksichtigung von Ablaufplänen, genehmigten Freizeiten sowie Überstunden.

Brandschutz und Fluchtpläne

Mit einem integrierten Lageplan-Editor lässt sich der überwachte Bereich als Lageplan darstellen und einzelne Positionen von Sicherheits- und Brandschutzeinrichtungen aufzeigen. Von diesem Lageplan aus lassen sich die einzelnen Sicherheitskomponenten überwachen und steuern.

POS-/Kassensystem-Überwachung

Das Modul zur Steuerung des Point-of-Sale (POS) ist ein effektives Tool zur Verringerung von Warenverlusten und Abrechnungsfehlern sowie zur Kontrolle und Bewertung der Arbeit des jeweiligen Kassierers. Das Modul synchronisiert die Bilder der Kamera aus dem Verkaufsbereich/Überwachungszone mit den Vorgängen im Kassensystem. Darüber hinaus bietet es ein komfortabel zu handhabendes Suchsystem, mit dem man einzelne Transaktionen im Videoarchiv schnell auffinden kann.

Geldautomaten-Überwachung

Das Geldautomaten-Modul ist speziell zum Schutz dezentraler Bankautomaten-Netzwerke und zur Kontrolle der Transaktionen am Automaten entwickelt worden. Es synchronisiert die Bilder der Videokameras mit den Transaktionsdaten sowie dem Status der Alarmsensoren des Automaten. Auch hier bietet das Modul eine komfortable Archivsuche nach Transaktionsdaten und ermöglicht die Einrichtung eines zentralen Fernüberwachungssystems.

Gesichtserkennung

Das Modul zur Gesichtserkennung nutzt das Videobild zur automatischen Identifizierung von Personen. Es erkennt das Gesicht und gleicht es mit einer vorhandenen Bilddatenbank ab. Das Modul bietet eine hohe Erkennungsgenauigkeit und lässt sich mit dem Zugangskontrollsystem und den strengen Sicherheitsanforderungen verknüpfen.

Kfz-Kennzeichenerkennung

Die Axxon Intellect Plattform enthält ein spezielles Modul zur Erkennung von Kfz-Kennzeichen. Es erstellt eine Datenbank der in den zu überwachenden Bereich einfahrenden Fahrzeuge. Darin werden das Kennzeichen, ein Bild des Fahrzeugs, ein Videoausschnitt mit Bild vom Fahrzeug und Kennzeichen sowie Datum und Zeit der Einfahrt gespeichert.

Allgemeine Verkehrsüberwachung

Das Modul zur Verkehrsüberwachung erfasst statistische Daten des Straßenverkehrs innerhalb einer überwachten Zone, etwa Anzahl, Fahrzeugtypen, Geschwindigkeit und Auslastung. Diese Daten spiegeln die aktuelle Verkehrslage und können daher für Verkehrsüberwachungs-Algorithmen verwendet werden.

Bahnwaggon-Kennzeichenerkennung

Dieses spezielle Modul von Axxon Intellect Enterprise dient zur Erkennung von Bahnwaggon-Kennzeichen im Abgleich mit entsprechenden Videobildern. Es zählt die Anzahl der Waggons eines Zuges und sendet die Daten an die Leitstelle von Unternehmen weiter. Eingesetzt wird dieses Modul an Knoten- und Rangierbahnhöfen, allgemein an Bahnhöfen sowie in automatischen Kontrollsystemen großer Industrieunternehmen und unterstützt somit die automatisierte Steuerung des Bahnverkehrs und der Güterabfertigung.

Integrierte Systeme

IP-Kameras und IP-Server

ACTi
Arecont Vision
Axis
Bosch
Dynacolor
JVC
Mobotix
Panasonic
Pelco
Samsung
Sony
Vivotek
Stream Labs

Zugangskontroll- und Brandmeldesysteme

Satel
Sorhea
Southwest Microwave

Geldautomaten

Diebold
NCR
Wincor Nixdorf

Wärmebildgeräte

FLIR Systems

POS-/Kassensysteme

Aloha Technologies
Borlas Retail
Dresser Wayne
FIT
IBS
IPS
POSitouch
R-Keeper
System Group
Tendo
TillyPad
UCS
VIMAS Technologies
Wincor Nixdorf
ARES-COMPANY
ATOL group
ICS-Market
CCRS
Pilot
Service Plus
SoftBalance
SHTRIH-M Company
Firma Electronnye Dengi

AxxonSoft DACH

AxxonSoft GmbH
Paulinenstrasse 1
65189 Wiesbaden
Deutschland
Tel.: +49 611 15 75 140
Fax: +49 611 15 75 141

Ihr Ansprechpartner vor Ort:

www.axxonsoft.de
info@axxonsoft.de